园林工程管理丛书

园林工程施工组织
设计与管理

邹原东　主编

化学工业出版社

·北京·

该书是《园林工程管理》丛书中的一本，丛书共 5 册。

本书系统地阐述了园林工程施工组织设计与管理的原理和方法措施，全书共分 5 章，内容包括：概述、流水施工原理与网络计划技术、园林工程施工组织设计、园林工程施工项目管理、园林工程施工验收与养护管理。

本书可供园林工程建设技术人员、管理人员以及中等专业学校园林专业师生使用。

图书在版编目（CIP）数据

园林工程施工组织设计与管理/邹原东主编．—北京：化学工业出版社，2014.2（2023.3重印）
（园林工程管理丛书）
ISBN 978-7-122-19559-3

Ⅰ．①园… Ⅱ．①邹… Ⅲ．①园林-工程施工-施工组织-中等专业学校-教材②园林-工程施工-施工管理-中等专业学校-教材 Ⅳ．①TU986.3

中国版本图书馆 CIP 数据核字（2014）第 011371 号

责任编辑：袁海燕　　　　　　　　　文字编辑：李　玥
责任校对：边　涛　　　　　　　　　装帧设计：王晓宇

出版发行：化学工业出版社（北京市东城区青年湖南街 13 号　邮政编码 100011）
印　　装：北京虎彩文化传播有限公司
710mm×1000mm　1/16　印张 12　字数 236 千字　2023 年 3 月北京第 1 版第 6 次印刷

购书咨询：010-64518888　　　　　　售后服务：010-64518899
网　　址：http://www.cip.com.cn
凡购买本书，如有缺损等质量问题，本社销售中心负责调换。

定　　价：38.00 元　　　　　　　　　　　　　　　　版权所有　违者必究

《园林工程施工组织设计与管理》编写人员

主编 邹原东

参编 吴戈军　邵　晶　齐丽丽　成育芳

　　　　李春娜　蒋传龙　王丽娟　邵亚凤

　　　　白雅君

 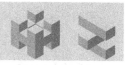

前言 | | FOREWORD |

　　园林工程施工组织设计与管理是以园林设计、园林工程为基础，运用现代管理理论和方法，总结我国古典园林工程建设的精华，结合当今国内外园林工程建设施工组织与管理的经验，并与现代管理理论紧密结合后形成的一门新的交叉性学科。它涉及园林工程建设生产施工的技术问题和现代管理理论、方法在园林工程建设过程中的具体应用问题，以及在长期生产应用过程中逐步形成的理论与操作规范或评价标准体系等内容。其涉及学科门类较多，要求理论与实践结合，技术复杂，因此，为了满足广大园林工程技术人员对该方面知识的需求，我们组织编写了此书，希望本书能更好地服务于园林工程建设技术人员。

　　本书内容从实际工作角度出发，将理论与实际有机地结合起来，突出园林工程施工的可操作性，从园林工程施工组织设计与管理的角度，讲述了园林施工组织设计，园林施工项目管理等内容，强调实操性。

　　《园林工程施工组织设计与管理》是《园林工程管理》丛书中的一本，丛书共分5册，其余4册分别为《园林工程材料及应用》《园林工程监理与资料编制》《园林工程预算与工程量清单编制》《园林工程招投标与合同管理》。丛书涵盖内容广泛，基本上包括了园林工程管理的各个方面，希望对读者有所帮助。

　　本书在编写过程中参考了有关文献，并且得到了许多专家和相关单位的关心与大力支持，在此表示衷心感谢。随着科技的发展，建筑技术也在不断进步，也由于作者知识水平有限，本书难免出现疏漏及不足，恳请广大读者给予指导指正。

编者
2013 年 12 月

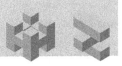

目录 | CONTENTS |

Chapter 1

概述

1.1 园林工程建设程序

一般建设工程要求先勘查、规划、设计，后施工。根据这一要求，园林工程建设程序的要点如下：投资意向→项目建议书→可行性研究→可行性报告、计划任务书→委托监理→设计准备→初步设计→技术设计→施工图设计→物资采购→施工准备→施工和管理→竣工验收→交付使用。归纳起来一般包括四个阶段：计划、设计、施工和验收。

（1）计划 计划是对拟建项目进行调查、论证、决策，确定建设地点和规模，写出项目可行性报告，编制计划任务书，报主管部门论证审核，送市计委或建委审批，经批准后方可纳入正式的年度建设计划。

其内容主要包括：建设单位、建设性质、建设项目类别、建设单位负责人、建设地点、建设依据、建设规模、工程内容、建设期限、投资概算、效益评估、协作关系及环境保护等。

（2）设计 设计文件是组织工程建设的重要技术资料。园林建设项目一般采用二段设计，即初步设计和施工图设计，施工图设计不得改变计划任务书及初步设计已确定的建设性质、建设规模和概算。

（3）施工 建设单位根据已确定的年度计划编制工程项目表，经主管单位审核报上级备案后将相关资料及时通知施工单位。施工单位要做好施工图预算和施工组织设计编制工作，并严格按照施工图、工程合同及工程质量要求做好生产准备，组织施工，搞好施工现场管理，确保工程质量。

（4）验收　竣工后应尽快召集有关单位和质检部门，根据设计要求和施工技术验收规范进行竣工验收，同时办理竣工交工手续。

1.2 园林工程建设项目招标与投标

这是国际上通用的比较成熟的而且科学合理的工程承发包方式。它是以建设单位作为建设工程的发包者，用招标方式择优选定设计、施工单位；而设计、施工单位作为承包者，用投标方式承接设计、施工任务。在园林工程项目建设中推行招标投标制，其目的是：控制工期，确保工程质量，降低工程造价，提高经济效益，健全市场竞争机制。

1.2.1 园林工程招标

园林工程招标是指招标人将其拟发包的内容、要求等对外公布，招引和邀请多家承包单位参与承包工程建设任务的竞争，以便于择优选择承包单位的活动。

（1）工程项目招标应具备的条件　园林工程项目必须具备以下条件才能进行招标。

① 项目概算已经得到批准。

② 建设项目已经正式列入国家、部门或地方的年度计划。

③ 施工现场征地工作及"四通一平"（即水通、路通、电力通、电信通和场地平整）已经完成。

④ 所有设计资料已经落实并得到批准。

⑤ 建设资金和主要施工材料、设备已经落实。

⑥ 具有政府有关部门对工程项目招标的批文。

（2）工程招标方式　在园林工程施工招标中，最为常用的有两种方式，即公开招标和邀请招标。

① 公开招标（无限竞争性招标）。招标单位公开向外招标，凡符合规定条件的承包商均可自愿参加投标，投标报名单位数量不受限制，招标单位不得以任何理由拒绝投标单位参与投标。

② 邀请招标（有限竞争性选择招标）。由招标单位向符合本工程资质要求、具有良好信誉的施工单位发出邀请参与投标，招标过程不公开。所邀请的投标单位一般有5～10个，不得少于3个。

（3）招标程序　工程施工招标程序一般可分为三个阶段，即招标准备阶段、招标投标阶段、决标成交阶段。招标准备阶段主要包括提出招标申请、编制招标文件和编制标底；招标投标阶段主要包括发投标邀请函、资格预审、工程交底、预备会及答疑；决标成交阶段主要包括开标、评标、决标和签订施工承包合同。

1.2.2 园林工程投标

园林工程投标是指投标人愿意按照招标人规定的条件承包工程，编制投标标书，提出工程造价、工期、施工方案和保证工程质量的措施，在规定的期限内向招标人投函，请求承包工程建设任务。

（1）投标资格 参加投标的单位必须按招标通知书向招标人递交以下有关资料。

① 企业营业执照和资质证书。

② 企业简介与资金情况。

③ 企业施工技术力量及机械设备状况。

④ 近三年承建的主要工程及其质量情况。

⑤ 异地投标时取得的当地承包工程许可证。

⑥ 现有施工任务，含在建项目与未开工项目。

（2）投标程序 园林工程投标必须按一定的程序进行，其主要过程如下：报告参加投标→办理资格预审→取得招标文件→研究招标文件→调查投标环境→确定投标策略→制订施工方案→编制标书→投送标书。

1.3 园林工程施工程序

园林工程施工程序指按照园林工程建设的程序，工程进入施工实施阶段后，各过程应遵循的基本环节和步骤，是施工管理的重要依据。按施工程序进行施工，对落实施工进度、保证施工质量、加强施工安全管理、降低施工成本具有重要作用。园林工程的施工程序一般可分为施工前的准备阶段、现场施工阶段和竣工验收阶段三部分。

1.3.1 施工前的准备阶段

园林工程的施工首先要有一个施工准备期。准备工作做得好坏，直接影响着工效和工程质量。在施工准备期内，施工人员的主要任务是领会图纸设计的意图、掌握工程特点、了解工程质量要求、熟悉施工现场、合理安排施工力量，为顺利完成各项施工任务做好准备工作。施工前准备阶段一般应做好五个方面的工作，即技术准备、生产准备、施工现场准备、后勤保障准备和文明施工准备。

1.3.1.1 技术准备

（1）施工技术人员要了解设计意图，熟悉施工图纸，并对工人做技术介绍。

（2）对施工现场状况进行实地踏勘，掌握施工工地的现状，并与施工现场平面图进行对照。

（3）向建设单位、设计单位索取有关技术资料，进行研究分析，找出影响施工的主要问题和难点，在技术上制订措施和对策。

（4）编制施工组织设计，根据工程的技术特点，确定合理的施工组织和施工技术方案，为组织和指导施工创造条件。

（5）编制施工图预算和施工预算。

1.3.1.2　生产准备

（1）施工中所需的各种材料、构配件、施工机具等按计划组织到位，做好验收、入库登记等工作，组织施工机械进场，并进行安装调试工作。

（2）制订工程施工所需的各类物资供应计划，例如苗木供应计划、山石材料的选定和供应计划等。

（3）根据工程规模、技术要求及施工期限等，建立劳动组织，合理组织施工队伍，按劳动定额落实岗位责任。

（4）做好劳动力调配计划安排工作，尤其是在采用平行施工、交叉施工或季节性较强的集中性施工期，应重视劳务的配备计划，避免发生窝工浪费和由于缺少必要的工人而耽误工期的现象。

1.3.1.3　施工现场的准备

施工现场是施工生产的基地，科学布置施工现场是保证施工顺利进行的重要条件，对早日开工和正式施工有重要作用。其基本工作一般包括以下内容。

（1）对新开工的项目，应在工程施工范围内，做好施工现场的"四通一平"（水通、路通、电力通、电信通和场地平整）工作。为了减少工程浪费，场地平整时要与原设计图的土方平衡相结合。

（2）进行施工现场工程测量，设置工程的平面控制点和高程控制点。界定施工范围，按图纸要求将建筑物、构筑物、管线进行定位放线，并制订场地排水措施。

（3）结合园路、地质状况及运输荷载等因素综合确定施工用临时道路，以方便工程施工为原则。

（4）拆除清理时，保护好现场的名木古树。

（5）设置材料堆放点，搭设临时设施。在修建临时设施时应遵循节约够用、方便施工的原则。

1.3.1.4　做好各种后勤保障工作

在大批施工队伍进入现场前，应做好现场后勤（主要指职工的衣、食、住、行及文化生活）准备工作。保障职工正常生活条件，调动职工生产积极性，保证施工生产的顺利完成。

1.3.1.5　做好文明安全施工的准备工作

在正式施工前，应对参加施工人员进行必要的质量与安全和文明施工教育，要求施工人员必须遵守操作规程及安全技术规程，在保证质量与工期的条件下安全生产。

1.3.2　现场施工阶段

各项准备工作就绪后，就可以按计划正式开展施工，即进入现场施工阶段。

一般施工阶段的工作内容大致可分为两个方面的工作：按计划组织施工和对施工过程的全面控制。由于园林工程的类型繁多，涉及的工程种类多且要求高，应在施工过程中随时收集有关信息，并将计划目标进行对比，即进行施工检查；根据检查的结果，分析原因，提出调整意见，拟订措施，实施调度，使整个施工过程按照计划有条不紊地进行，具体说来有以下几方面的工作。

1.3.2.1　平面布置与管理

由于施工现场极为复杂，而且随着施工的进展而不断地发展和变化，现场布置不应是静态的，必须根据工程进展情况进行调整、补充、修改。施工现场平面管理就是在施工过程中对施工场地的布置进行合理的调节，也是对施工总平面图全面落实的过程。现场平面管理的经常性工作主要包括以下几方面。

（1）根据不同时间和不同需要，结合实际情况，合理调整场地。

（2）做好土石方的调配工作，规定各单位取弃土石方的地点、数量和运输路线等。

（3）审批各单位在规定期限内，对清除障碍物、挖掘道路、断绝交通、断绝水电动力线路等的申请报告。

（4）对运输大宗材料的车辆，做出妥善安排，防止拥挤、堵塞交通。

（5）做好工地的测量工作，包括测定水平位置、高程和坡度，已完工工程量的测量和竣工图的测量等。

1.3.2.2　植物及建筑材料计划安排、变更和储存管理

（1）确定供料和用料目标。

（2）确定供料、用料方式及措施。

（3）组织材料及制品的采购、加工和储备（园林苗木的假植），做好施工现场的进料安排。

（4）组织材料进场、保管及合理使用。

（5）完工后及时退料、办理结算等。

1.3.2.3　合同管理工作

（1）承包商与业主之间的合同管理工作。

（2）承包商与分包之间的合同管理工作。

1.3.2.4　施工调度工作

为能较好起到施工指挥中枢的作用，调度必须对辖区工程的施工动态做到全面掌握。对出现的情况，调度人员应首先进行综合分析，经过全盘考虑，统筹安排，然后定期或不定期地向领导提出解决已发生或即将发生的各种矛盾的切实可行的意见，供领导决策时参考，再按领导的决策意见，组织实施。

（1）工程进度是否符合施工组织设计的要求。

（2）施工计划能否完成，是否平衡。

（3）人力、物力使用是否合理，能否收到较好的经济效益。

（4）有无潜力可挖，施工中的薄弱环节在哪里，已出现或可能出现哪些

问题。

1.3.2.5 质量检查和管理

（1）按照工程设计要求和国家有关技术规定，如施工及验收规范、技术操作规程等，对整个施工过程的各个工序环节组织工程质量检验，不合格的材料不能进入施工现场，不合格的分部、分项工程不能转入下道工序施工。

（2）采用全面质量管理的方法，进行施工质量分析，找出产生各种施工质量缺陷的原因，随时采取预防措施，减少或尽可能避免工程质量事故的发生，把质量管理工作贯穿到工程施工全过程，形成一个完整的质量保证体系。

1.3.2.6 坚持填写施工日志

施工现场主管人员，要坚持填写"施工日志"。施工日志要坚持天天记，记重点和关键。工程竣工后，存入档案备查。包括：施工内容、施工队（组）、人员调动记录、供应记录、上级指示记录、安全事故记录、质量事故记录、会议记录、有关检查记录等。

1.3.2.7 安全管理

安全管理贯穿于施工的全过程，交融于各项专业技术管理，关系着现场全体人员的生产安全和施工环境安全。现场安全管理的中心问题是保护生产活动中人的安全与健康，保证生产顺利进行。现场安全管理的重点是控制人的不安全行为和物的不安全状态，预防伤害事故，保证生产活动处于最佳安全状态。现场安全管理的主要内容包括：安全教育、建立安全管理制度、安全技术管理、安全检查与安全分析等。

1.3.2.8 施工过程中的业务分析

为了达到对施工全过程的控制，必须进行许多业务分析，如：

（1）施工质量情况分析；

（2）材料消耗情况分析；

（3）机械使用情况分析；

（4）施工进度情况分析；

（5）成本费用情况分析；

（6）安全施工情况分析等。

1.3.2.9 文明施工

文明施工是指在施工现场管理中，按照现代化施工的客观要求使施工现场保持良好的施工环境和施工秩序。

1.3.3 竣工验收阶段

竣工验收是施工管理的最后一个阶段，是投资转为固定资产的标志，是施工单位向建设单位交付建设项目时的法定手续，是对设计、施工、园林绿地使用前进行全面检验评定的重要环节。

验收通常是在施工单位进行自检、互检、预检、初步鉴定工程质量、评定工程质量等级的基础上，提出交工验收报告，再由建设单位、施工单位与上级有关部门进行正式竣工验收。

1.3.3.1 竣工验收前的准备

竣工验收前的最后准备，主要是做好工程收尾和整理工程技术档案工作。

1.3.3.2 竣工验收的内容

竣工验收的内容有：隐蔽工程验收，分部、分项工程验收，设备试验、调试和试运转验收及竣工验收等。

1.3.3.3 竣工验收程序和工程交接手续

（1）工程完成后，施工单位先进行竣工验收，然后向建设单位发出交工验收通知单。

（2）建设单位（或委托监理单位）组织施工单位、设计单位、当地质量监督部门对交工项目进行验收。验收项目主要有两个方面：一是全部竣工实体的检查验收；二是竣工资料验收。验收合格后，可办理工程交接手续。

（3）工程交接手续的主要内容是：建设单位、设计单位、施工单位在《交工验收书》上签字盖章，质监部门在竣工核验单上签字盖章。

（4）施工单位以签订的交接验收单和交工资料为依据，与建设单位办理固定资产移交手续和文件规定的保修事项及进行工程结算。

（5）按规定的保修制度，交工后一个月进行一次回访，做一次检修。保修期为一年，采暖工程为一个采暖期。

1.4 园林工程施工组织与管理的内容和任务

园林工程施工养护包括种植工程和土建工程（土方工程、房建工程、给水排水工程、园路工程、铺地工程、水景工程、假山工程、园林供电工程）的施工和养护。

园林工程施工管理是施工单位在特定的园址上，按设计图纸要求进行的实际施工的综合性管理活动，是具体落实规划意图和设计内容的极其重要的手段。它的基本任务是根据建设项目的要求，在园林工程施工项目管理的全过程中，建立施工项目管理机构，确立项目管理部以项目管理为中心的管理主体，对具体的施工对象、施工活动等实施管理，依据已审批的技术图纸和施工方案，对现场进行全面合理的组织，使劳动资源得到合理配置，确保建设项目按预定目标优质、快速、低耗、安全地完成。

1.4.1 建立施工项目管理机构

（1）由企业采用合适的方式选聘或任命一名称职的项目经理。

（2）根据施工项目组织原则和实际情况（包括项目本身、项目经理及相关人员等），选用适当的组织形式，由项目经理组建项目管理机构，落实有关人员各自的责任、义务和权限。

（3）在遵守企业规章制度的前提下，根据工程项目管理的需要，制订工程项目规章制度及细则。

1.4.2　编制施工项目管理规划

施工项目管理规划是对施工项目管理的组织、内容、步骤、方法、重点进行预测和决策，做出具体安排的实施细则的纲领性文件。其主要内容有以下三个方面。

（1）进行施工项目分解，形成施工对象分解体系，以进一步确定控制目标，从局部到整体进行施工活动和施工项目管理。

（2）建立施工项目管理工作体系，绘制施工项目管理工作信息流程图和施工项目管理工作体系图。

（3）编制施工管理规划，确定管理点，形成文件，以利于执行和控制。这个文件也就是施工组织设计。

1.4.3　进行施工项目的目标控制

施工项目的目标有阶段性目标和最终目标。实现目标是进行施工项目管理的目的所在。由于施工项目本身的特点和生产特点，使得其在项目管理目标控制中，会受到各种干扰因素的影响，同时也会随时发生各种风险。因此应该以控制论的原理和理论作为指导，进行全过程的科学控制。施工项目的控制目标主要有以下几项：

（1）施工现场控制目标；

（2）质量控制目标；

（3）进度控制目标；

（4）成本控制目标；

（5）安全控制目标。

1.4.4　对施工项目的生产要素进行优化配置和动态管理

施工项目的生产要素是施工项目的目标得以实现的保证，主要包括：劳动力、材料、设备、资金和技术（即 5M）。生产要素的管理工作的内容有下列三项。

（1）分析各生产要素在施工中的特点。

（2）按照一定的原则、方法对它们进行优化配置，并对优化配置的状况进行评价。

（3）对各生产要素进行动态管理。

1.4.5　施工项目的合同管理

由于施工项目的合同管理是在市场条件下进行的特殊交易活动的管理，这种交易活动从招投标开始，持续了整个施工项目的全过程，而这一过程就是对工程承包合同的履约过程，因此必须依法签订合同，进行履约经营。合同管理的好坏，直接影响项目管理及工程施工的技术经济效果和目标的实现。

1.4.6 施工项目的信息管理

现代化的管理要依靠信息。施工项目管理是一项复杂的现代化管理活动，要依靠大量的信息和对大量的信息进行管理。加强信息的收集、反馈、交流、整理、分析、分类、处理、传递等工作，使信息为经营和生产决策活动、执行过程和结果分析评价服务。而信息要依靠计算机来辅助管理，才能达到快捷、准确、时效性强的目的。因此在进行施工项目管理和施工项目目标的控制、动态管理时，必须依靠信息管理，并大量应用计算机来辅助执行。

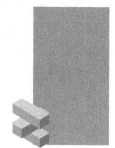

Chapter

2

流水施工原理与网络计划技术

2.1 流水施工原理

2.1.1 流水施工的概念

2.1.1.1 组织施工的方式及其特点

在组织工程施工时，常采用的三种组织方式包括顺序施工、平行施工和流水施工。表 2-1 是某公园长廊、亭、茶室等基础工程施工过程和作业时间，根据实际情况可安排不同的施工方式。

表 2-1 某公园园林建筑基础工程施工过程和作业时间

序号	施工过程	作业时间/天
1	开挖基槽	3
2	混凝土垫层	2
3	砌砖基础	3
4	回填土	2

（1）顺序施工　顺序施工是按照施工过程中各分部（分项）工程的先后顺序施工，即前一个施工过程（或工序）完工后才开始下一个施工过程的组织生产方式，如图 2-1、图 2-2 所示。这是一种最基本、最简单的组织方式。其特点是同时投入的劳动资源较少、组织简单、材料供应单一，但劳动生产率低、工期较长，无法适应大型工程的需要。

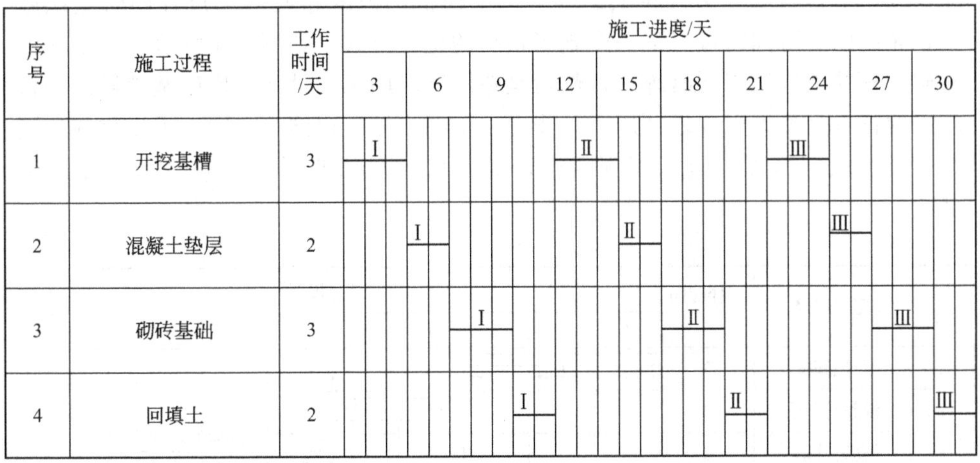

序号	施工过程	工作时间/天	施工进度/天									
			3	6	9	12	15	18	21	24	27	30
1	开挖基槽	3	I			II				III		
2	混凝土垫层	2		I			II			III		
3	砌砖基础	3			I			II			III	
4	回填土	2				I			II			III

图 2-1　顺序施工进度（一）

I、II、III为建筑种类

序号	施工过程	工作时间/天	施工进度/天									
			3	6	9	12	15	18	21	24	27	30
1	开挖基槽	3	I	II	III							
2	混凝土垫层	2				I II	III					
3	砌砖基础	3						I	II III			
4	回填土	2									I II	III

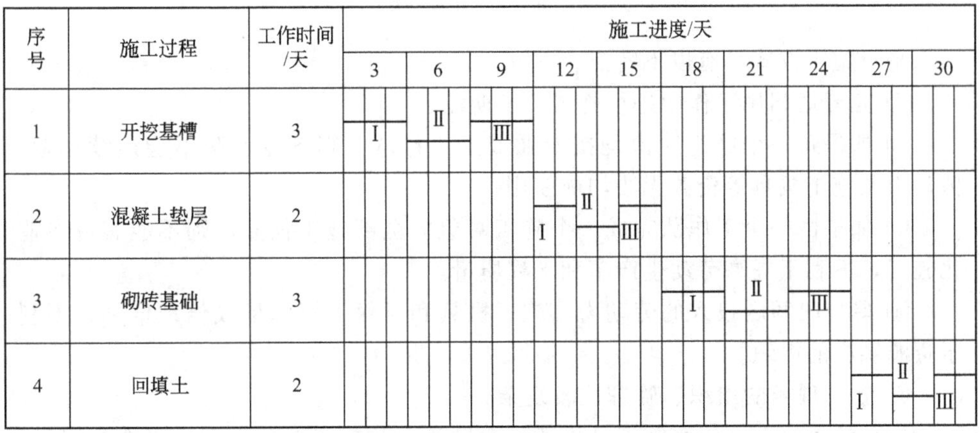

图 2-2　顺序施工进度（二）

I、II、III为建筑种类

顺序施工方式具有以下特点。

① 没有充分地利用工作面进行施工，工期长。

② 如果按专业成立工作队，则各专业队不能连续作业，有时间间歇，劳动力及施工机具等资源无法均衡使用。

③ 如果由一个工作队完成全部施工任务，则不能实现专业化施工，不利于提高劳动生产率和工程质量。

④ 单位时间内投入的劳动力、施工机具、材料等资源量较少，有利于资源供应的组织。

⑤ 施工现场的组织、管理比较简单。

（2）平行施工　平行施工是将一个工作范围内的相同施工过程同时组织施工，完成以后再同时进行下一个施工过程的施工方式。如图 2-3 所示，三个水池基础工程的土方工程同时施工，然后是垫层同时施工，进而是砌砖基础等。平行施工的特点是最大限度地利用了工作面，工期最短，但同一时间内需提供的相同劳动资源成倍增加，施工管理复杂，因而只有在工期要求较紧时采用才是合理的。

序号	施工过程	工作时间/天	施工进度/天									
			1	2	3	4	5	6	7	8	9	10
1	开挖基槽	3	Ⅰ Ⅱ Ⅲ									
2	混凝土垫层	2				Ⅰ Ⅱ Ⅲ						
3	砌砖基础	3						Ⅰ Ⅱ Ⅲ				
4	回填土	2									Ⅰ Ⅱ Ⅲ	

图 2-3　平行施工进度
Ⅰ、Ⅱ、Ⅲ 为建筑种类

平行施工方式具有以下特点。

① 充分地利用工作面进行施工，工期短。

② 如果每一个施工对象均按专业成立工作队，则各专业队不能连续作业，劳动力及施工机具等资源无法均衡使用。

③ 如果由一个工作队完成一个施工对象的全部施工任务，则不能实现专业化施工，不利于提高劳动生产率和工程质量。

④ 单位时间内投入的劳动力、施工机具和材料等资源量成倍地增加，不利于资源供应的组织。

⑤ 施工现场的组织、管理比较复杂。

（3）流水施工　流水施工是将若干个同类型的施工对象划分成多个施工段，组织若干个在施工工艺上有密切联系的专业班组相继进行施工，依次在各施工段上重复完成相同的施工内容。如图 2-4 所示，三个水池基础工程施工，每一个施工段组织一个专业班组，使各专业班组之间合理利用工作面进行平行搭接施工。其特点是在同一施工段上各施工过程保持顺序施工的特点，不同施工过程在不同的施工段上又最大限度地保持了平行施工的特点；专业施工班组能连续施工，充分利用了时间，施工不停歇，因而工期较短；生产工人和生产设备从一个施工段转移到另一个施工段，保持了连续施工的特点，使施工具有持续性、均衡性和节奏性。

序号	施工过程	工作时间/天	施工进度/天																
			1	2	3	4	5	6	7	8	9	10	11	12	13	14	15	16	17	18
1	开挖基槽	3		I			II			III										
2	混凝土垫层	2						I		II		III								
3	砌砖基础	3									I			II		III				
4	回填土	2														I	II		III	

图 2-4 流水施工进度
Ⅰ、Ⅱ、Ⅲ 为建筑种类

流水施工方式具有以下特点。

① 尽可能地利用工作面进行施工，工期比较短。

② 各工作队实现了专业化施工，有利于提高技术水平和劳动生产率，也有利于提高工程质量。

③ 专业工作队能够连续施工，同时使相邻专业队的开工时间能够最大限度地搭接。

④ 单位时间内投入的劳动力、施工机具和材料等资源量较为均衡，有利于资源供应的组织。

⑤ 为施工现场的文明施工和科学管理创造了有利条件。

2.1.1.2　组织流水施工的要求和条件

流水施工是在同一时间、不同平面或空间里展开的。因此，组织流水施工应有一定的要求和必要的条件。

（1）流水施工的基本要求

① 将施工对象划分成若干个施工过程（即分解成若干个工作性质相同的分部分项工程或工序）。

② 对施工过程进行合理的组织，使每个施工过程分别由固定的专业队（组）负责施工。

③ 将施工对象按分部工程或平面、空间划分成大致相等的若干施工段或施工层。

④ 各专业队（组）按工艺顺序要求，配备必需的劳动力、施工机具，依次连续由一个施工段（施工层）转移到另一个施工段（施工层），反复进行相同的施工操作，即完成同类的施工任务。

⑤ 不同的专业队（组）除必要的技术和组织间歇外，应尽量在同一时间、不同空间内组织平行搭接施工。

（2）流水施工的基本条件

① 流水施工通常把施工对象划分为工程量或劳动力大致相等的若干施工段。所以，划分施工段是组织流水施工的基本条件。但是不可能每个工程都有这个条件，如工程规模小、工程内容复杂的项目，无法划分几个施工段，这时就无法组织流水施工。

② 各施工过程要有独立的专业队（组），而且各专业队（组）均能实施连续、均衡、有节奏的施工。

③ 每个施工过程要有充分利用的工作面，具有组织平行搭接的施工条件。

因此，具备上述条件的工程，才能组织流水施工，否则达不到流水施工的效果。

2.1.1.3　流水施工的分级

根据流水施工组织的范围，流水施工通常可分为以下四类。

（1）分项工程流水施工　分项工程流水施工也称为细部流水施工。它是在一个专业工种内部组织起来的流水施工。分项工程是工程质量形成的直接过程，如屋顶绿化的分项工程有防水施工、砌筑施工、种植施工和装饰施工。在项目施工进度计划表上，它是一条标有施工段或工作队编号的水平进度指示线段或斜向进度指示线段。

（2）分部工程流水施工　分部工程是单位工程的组成部分，是按单位工程的各部分划分的，如土方工程、水景工程、种植工程等。分部工程流水施工也称为专业流水施工，它是在一个分部工程内部、各分项工程之间组织起来的流水施工。在项目施工进度计划表上，它由一组标有施工段或工作队编号的水平进度指示线段或斜向进度指示线段来表示。

（3）单位工程流水施工　单位工程是单项工程的组成部分，单位工程流水施工也称为综合流水施工。它是在一个单位工程内部、各分部工程之间组织起来的流水施工。在项目施工进度计划表上，它是若干组分部工程的进度指示线段，并由此构成单位工程施工进度计划。

（4）群体工程流水施工　群体工程流水施工也称为大流水施工。它是在一个个单位工程之间组织起来的流水施工，反映在项目施工进度计划上，是项目施工总进度计划。

2.1.1.4　流水施工技术经济效果

通过比较三种施工方式可以看出，流水施工方式是一种先进、科学的施工方式。由于在工艺过程划分、时间安排和空间布置上进行统筹安排，将会体现出优越的技术经济效果。具体可归纳为以下几点。

（1）施工工期较短，可以尽早发挥投资效益。

（2）便于改善劳动组织，改进操作方法和施工机具，有利于提高劳动生产率。

（3）专业化的生产可提高工人的技术水平，使工程质量相应提高。

（4）工人技术水平和劳动生产率的提高，可以减少用工量和施工临时设施的建造量，降低工程成本，提高利润水平。

（5）可以保证施工机械和劳动力得到充分、合理的利用。

（6）降低工程成本，可以提高承包单位的经济效益。

2.1.1.5 流水施工表达方式

流水施工的表达方式主要有横道图和网络图两种，其中横道图有水平指示图表和垂直指示图表等方式，网络图有横道式流水网络图、流水步距式流水网络图、搭接式流水网络图和三维流水网络图等形式，具体见表 2-2。

表 2-2 流水施工的表达方式

类别	表达方式名称	图示	说明
横道图	水平指示图表	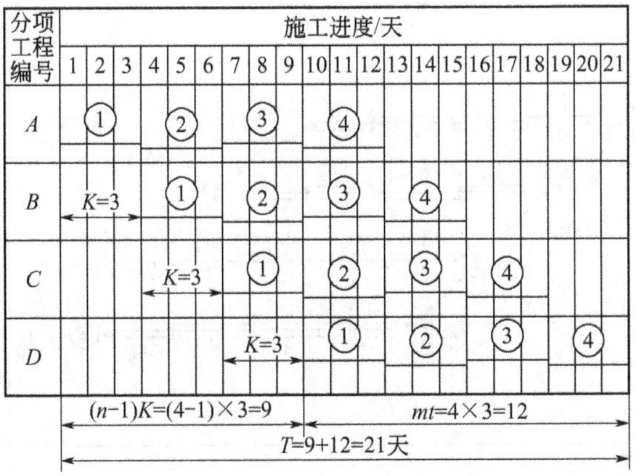	图中的横坐标表示流水施工的持续时间，纵坐标表示施工过程的名称或编号；n 条带有编号的水平线段表示 n 个施工过程或专业工作队的施工进度安排，其编号①、②、③、④表示不同的施工段 图中 T—流水施工的计算总工期 m—施工段的数目 n—施工过程或专业工作队的数目 t—流水节拍 K—流水步距，此图 $K=t$ 这种表示法的优点是：绘图简单，施工过程及其先后顺序表达清楚，时间和空间状况形象直观，使用方便，因而被广泛用来表达施工进度计划

类别	表达方式名称	图示	说明
横道图	垂直指示图表	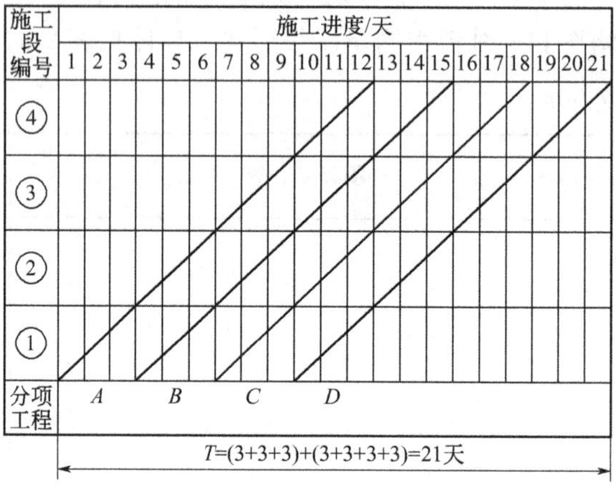	图中的横坐标表示流水施工的持续时间,纵坐标表示流水施工所处的空间位置,即施工段的编号,n条斜向线段表示n个施工过程或专业工作队的施工进度 图中符号意义同上 这种表示法的优点是:施工过程及其先后顺序表达清楚,时间和空间状况形象直观。斜向进度线的斜率可以直观地表示出各施工过程的进展速度。但编制实际工程进度计划不如水平指示图表方便
网络图	横道式流水网络图	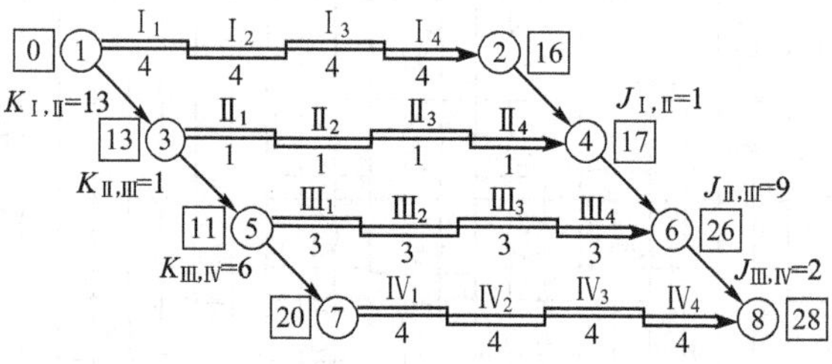	图中错阶粗黑箭线表示施工过程进展状态,在箭线上面标有该过程编号和施工段编号,在箭线下面标有流水节拍;细黑箭线分别表示开始步距($K_{i,i+1}$)和结束步距($J_{i,i+1}$);带钉编号的圆圈表示事件或结点
	流水步距式流水网络图	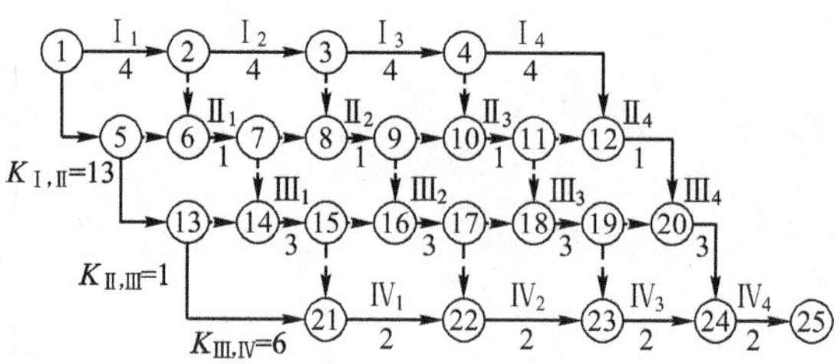	图中实箭线表示实工作,其上标有施工过程和施工段编号,其下标有流水节拍;虚箭线表示虚工作,即工作之间的制约关系,其持续时间为零,流水步距也由实箭线表示,并在其下面标出流水步距编号和数值

续表

类别	表达方式名称	图示	说明
网络图	搭接式流水网络图	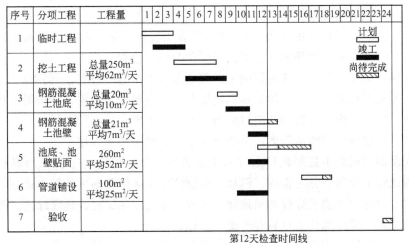	图中的大方框表示施工过程,其内标有施工过程编号、流水节拍、施工段数目、过程开始和结束时间;方框上面的实箭线表示相邻两个施工过程结束到结束的搭接时距,即结束步距;方框下面的实箭线表示相邻两个施工过程开始到开始的搭接时距,即流水步距

　　例如,编制一个钢筋混凝土结构的喷水池施工进度计划,可采用如图 2-5(a) 所示的横道图施工进度计划或如图 2-5(b) 所示的双代号网络图施工进度计划,两种计划均采用流水施工方式组织施工。

序号	分项工程	工程量	1 2 3 4 5 6 7 8 9 10 11 12 13 14 15 16 17 18 19 20 21 22 23 24
1	临时工程		
2	挖土工程	总量250m³ 平均62m³/天	
3	钢筋混凝土池底	总量20m³ 平均10m³/天	
4	钢筋混凝土池壁	总量21m³ 平均7m³/天	
5	池底、池壁贴面	260m² 平均52m²/天	
6	管道铺设	100m² 平均25m²/天	
7	验收		

第12天检查时间线

(a) 横道图施工进度计划

(b) 网络图施工进度计划

图 2-5　喷水池的横道图和网络图施工进度计划

　　从图 2-5(a) 中可以看出,横道图是以时间参数为依据的,图右边的横向线段代表各工序的起止时间与先后顺序,表明彼此之间的搭接关系。其特点是编制方法简单、直观易懂，至今在绿地工程施工中应用甚广。但这种方法也有明显不足：它不能全面反映各工序间的相互联系及彼此间的影响，也不能建立数理逻辑关系，因而无法进行系统的时间分析，不能确定重点工序，不利于发挥施工潜力，更不能通过先进的计算机技术进行优化。它往往导致所编制的进度计划过于保守或实际脱节，也难以准确预测、妥善处理和监控计划执行中出现的各种情况。

图 2-5（b）所示的网络计划技术是将施工进度看作一个系统模型，系统中可以清楚看出各工序之间的逻辑制约关系。哪些是重点工序或影响工期的主要因素，均一目了然；同时，由于它是有方向的有序模型，便于利用计算机进行技术优化。因此，它较横道图更科学、更严密、更利于调动一切积极因素，是工程施工中进行现代化建设管理的主要手段。

2.1.2 流水施工的主要参数

流水施工是不同专业队（组），在有效空间、时间内展开工序间搭接、平行流水作业，以取得较好的技术经济效果为目的。为此，在流水施工中将工艺参数（施工过程）、空间参数（流水段）和时间参数（主要指流水节拍、流水步距等）三大类参数，称为流水参数。

2.1.2.1 工艺参数

工艺参数主要是指在组织流水施工时，用以表达流水施工在施工工艺方面进展状态的参数，通常包括施工过程数和流水强度两个参数。

（1）施工过程数（用 n 表示） 组织建设工程流水施工时，根据施工组织及计划安排需要而将计划任务划分成的子项称为施工过程。

在组织流水施工时，首先将施工对象划分若干个施工过程。划分施工过程的目的，是对工程施工进行具体安排和物资调配。分解施工过程，可根据工程的计划性质、特点、施工方法和劳动组织形式等统筹考虑。

施工过程划分的粗细程度，主要取决于计划的类型和作用。

在编制工程施工控制性计划（施工总进度计划）时，由于包含内容和范围大，因此施工过程划分应粗些。例如，编制住宅小区绿化施工的控制计划，可按工程的专业性质和类别分解为屋顶绿化工程、垂直绿化工程、地面绿化工程、园林建筑工程、道路绿化工程等若干施工过程。

在编制工程实施性计划（单位或分项工程进度计划）时，由于内容具体、明确，因此施工过程划分要细些，使流水作业有重点。例如直埋管道安装的实施性计划，可按工序划分为挖土与垫层、管道安装、回填土等施工过程；又如水池工程施工可划分为挖土、防漏层、驳岸基础、砌筑等施工过程。

在组织流水施工中，每一个施工过程应由一个专业班组完成。因此施工过程数一般来讲就等于专业队（组）的数目。

（2）流水强度 流水强度是指流水施工的某施工过程（或专业工作队）在单位时间内所完成的工程量，也称为流水能力或生产能力。例如，土方开挖过程的流水强度是指每个工作班开挖的立方数。

流水强度可用公式（2-1）计算求得：

$$V = \sum_{i=1}^{X} R_i S_i \tag{2-1}$$

式中 V——某施工过程（队）的流水强度；

R_i——投入该施工过程中的第 i 种资源量（施工机械台数或人工数）；

S_i——投入该施工过程中第 i 种资源的产量定额；

X——投入该施工过程中的资源种类数。

2.1.2.2 空间参数

空间参数是指在组织流水施工时，用以表达流水施工在空间布置上开展状态的参数。通常包括工作面、施工段和施工层。

（1）工作面 工作面是指供某专业工种的工人或某种施工机械进行施工的活动空间。工作面的大小，表明能安排施工人数或机械台数的多少。每个作业的工人或每台施工机械所需工作面的大小，取决于单位时间内其完成的工程量和安全施工的要求。如人力挖土施工中，平均每一个人的施工活动范围应保证在 $4\sim6m^2$ 以上。工作面确定的合理与否，直接影响专业工作队的生产效率。因此，必须合理确定工作面。

（2）施工段（用 m 表示） 将施工对象在平面或空间上划分成若干个劳动量大致相等的施工段落，称为施工段或流水段。划分施工段的目的是为组织施工时有一个明确的工作界线和施工范围，保证各施工段中的每一个施工过程在同一时间内由一个专业队（组）工作，而各专业队（组）能在不同施工段上同时施工，以便消除各专业队（组）不能连续进入施工段而产生的等、停工现象，为流水施工创造条件。

① 流水段的划分原则如下。

a. 划分施工段时，段数不宜过多，过多会使工作面缩小而造成施工人数少、施工进度慢、工期拉长的现象。

b. 划分施工段时，段数也不宜过少，过少会引起劳动力、机械和材料供应过于集中而造成流水施工流不开的现象。

c. 划分施工段时，应使各段工程量尽量相等（相差在 15% 内），使每个施工过程的流水作业保持连续、均衡、有节奏性。

d. 划分施工段时，应保证各专业队（组）有足够的工作面和作业量。工作面太小，工人操作不开，易出生产事故；作业量过小，工作队（组）移动频繁，降低生产效率。

e. 各个施工过程要有相同分段界线和相同流水段数，并满足施工机械操作半径，易于流水的展开和机械化的利用。

② 流水段的划分方法如下。

a. 对大型绿化工程，可按绿化面积大致相等的地块、自然地形分段。

b. 对屋顶绿化工程，可按单元分段。

c. 对线性（道路绿化、湖池驳岸、管线、狭长地带）工程，可按相同的工程量，将路面的伸缩缝或管线的接合点作为分段界线。

d. 对小型、零散工程，当分段有困难时，可将道路、建筑物作为分段界线。

为保证流水施工顺利进行，首先要正确合理划分施工段数，通常施工段数是指平面或空间的参数。例如，一栋4个单元高层住宅的屋顶绿化工程，以单元为施工段时，则 $m_0 = 4$；如每个单元有8个种植花池，以2个花池为施工段时，则 $m = 4 \times (8 \div 2) = 16$；因此施工段数应根据工程规模、性质及各专业队（组）的人数综合划分。

③ 施工段数（m）与施工过程数（n）的关系。当 $m > n$ 时，各专业队能够连续作业，施工段有空闲，可用于弥补由于技术间歇、组织管理间歇和备料等要求所必需的时间。当 $m = n$ 时，各专业队能够连续作业，施工段没有空闲。这是理想的流水施工方案，对项目管理者的水平和能力要求较高。当 $m < n$ 时，各专业队不能连续作业，施工段没有空闲（特殊情况下也会出现空闲，造成大多数专业工作队停工）。

因此，施工段数的多少，直接影响工期的长短。要保证专业工作队连续施工，必须满足 $m \geq n$。

（3）施工层　在组织流水施工时，为满足专业工种对操作高度要求，通常将施工项目在竖向上划分为若干个作业层，这些作业层均称为施工层，如砌砖墙施工层高为1.2m，装饰工程施工层多以楼层为准。

2.1.2.3　时间参数

时间参数是指在组织流水施工时用以表达流水施工在时间排列上所处状态的参数，包括流水节拍、流水步距和流水施工工期等三种。

（1）流水节拍（用 t 表示）　在流水施工中，从事某一施工过程的专业队（组）在一个施工段上的工作延续时间，称为一个"流水节拍"。流水节拍的大小对投入劳动力、机械和材料供应量多少有直接关系，同时还影响施工的节奏与工期。因此，合理地确定流水节拍，对组织流水施工有重要意义。影响流水节拍大小的主要因素有以下几个方面。

① 任何施工，对操作人数组合都有一定限制。流水节拍大时，所需专业队（组）人数要少，但操作人数不能小于工序组合的最少人数。如砌砖队（组）或浇筑混凝土队（组）（包括上料、搅拌、运输工作），当队（组）只有2～3人，就不能施工；再如大树移植施工时，队（组）只有1～2人，也不能施工。

② 每个施工段为各施工过程提供的工作面是有限的。当流水节拍小时，所需专业队（组）人数要多，而专业队（组）的人数多少受工作面的限制。所以流水节拍确定，要考虑各专业队（组）有一定操作面，以便充分发挥专业队（组）的劳动效率。

③ 在建安工程中，有些施工工艺受技术与组织上间歇时间的限制。如混凝

土、砂浆层施工需要养护、增加强度所需停顿时间，称为技术间歇。再如室外地沟挖土和管道安装，所需放线、测量而停顿的时间，为组织间歇时间。因此，流水节拍的长短与技术、组织间歇时间有关。

④ 材料、构件的储存与供应，施工机械的运输与起重能力等，均对流水节拍有影响。

总之，确定流水节拍是一项复杂的工作，它与施工段数、专业队数、工期时间等因素有关。在这些因素中，应全面综合、权衡，以解决主要矛盾为中心，力求确定一个较为合理的流水节拍。

流水节拍的计算方法如下。

a. 根据施工段的规模和专业队（组）的人数计算流水节拍。其计算公式为：

$$t = \frac{Q}{SR} \tag{2-2}$$

式中　t——流水节拍；

　　　Q——某一施工过程的工程量；

　　　S——每工日或每台班的计划产量；

　　　R——工作队（组）的人数或机械台班数。

b. 对某些施工任务在规定日期内必须完成的工程项目，采用工期计算法。当同一过程的流水节拍不等，用估算法；若流水节拍相等时，其计算公式为：

$$t = \frac{T}{m} \tag{2-3}$$

式中　t——流水节拍；

　　　T——某施工过程的工作持续时间；

　　　m——某施工过程划分的施工段数。

（2）流水步距（用 K 表示）　流水步距是指相邻两个施工过程，从第一个专业队（组）开始作业到第二个专业队（组）投入流水施工相距的时间距离。流水步距的大小对工期影响较大。通常在流水段不变的条件下，流水步距大，工期则长，这就不符合最大限度的搭接施工要求；流水步距小，工期缩短，则使平行作业在同一时间投入的劳动力、机械量增大，不但起不到流水施工的效果，还会造成窝工现象。因此，流水步距应根据相邻两个施工过程的流水节拍大小，结合施工工艺要求，经具体计算后才能确定。一个合理的流水步距，能保证每个专业队进入流水作业并连续不断地退出流水作业，使相邻专业队（组）的搭接时间紧凑、严密，这样才符合流水作业施工及缩短工期的目的。

① 确定流水步距的原则。

a. 流水步距要满足相邻两个专业工作队在施工顺序上的相互制约关系。

b. 流水步距要保证各专业工作队都能连续作业。

c. 流水步距要保证相邻两个专业工作队在开工时间上最大限度地、合理地搭接。

d. 流水步距的确定要保证工程质量，满足安全生产。

② 确定流水步距的方法。

流水步距的确定方法很多，主要有图上分析法、分析计算法和潘特考夫斯基法等。其中潘特考夫斯基法，也称大差法或累加数列法，此法通常在计算等节拍、无节奏的专业流水中，较为简捷、准确。其计算步骤和方法如下：

a. 根据专业工作队在各施工段上的流水节拍，求累加数列；

b. 根据施工顺序，对所求相邻的两累加数列，错位相减；

c. 根据错位相减的结果，确定相邻专业工作队之间的流水步距，即相减结果中数值最大者。

（3）流水施工工期（用 T 表示） 流水施工工期是指从第一个专业工作队投入流水施工开始，到最后一个专业工作队完成流水施工为止的整个持续时间。流水施工工期是流水施工主要参数之一。由于一项绿化建设工程往往包含有许多流水组，故流水施工工期一般不是整个工程的总工期。流水施工工期应根据各施工过程之间的流水步距、工艺间歇和组织间歇时间以及最后一个施工过程中各施工段的流水节拍等确定。

流水施工工期的计算公式可以表示为：

$$T = \sum K_{i,i+1} + T_{\mathrm{N}} \tag{2-4}$$

式中 $K_{i,i+1}$——相邻两个施工过程的施工班组开始投入施工的时间间隔；

$\sum K_{i,i+1}$——所有相邻施工过程开始投入施工的时间间隔之和；

T_{N}——最后一个施工过程的施工班组完成全部工作任务所花的时间，在有节奏施工中，$T_{\mathrm{N}} = m t_n$。

2.1.3　流水施工的组织方式

在流水施工中，由于流水节拍的规律不同，决定了流水步距、流水施工工期的计算方法等也不同，甚至影响到各个施工过程的专业工作队数目。因此，有必要按照流水节拍的特征将流水施工进行分类，其分类情况如图 2-6 所示。

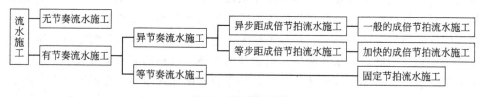

图 2-6　流水施工分类

2.1.3.1　有节奏流水施工

（1）有节奏流水施工的分类　有节奏流水施工是指在组织流水施工时，每一个施工过程在各个施工段上的流水节拍都各自相等的流水施工，它分为等节奏流水施工和异节奏流水施工。

① 等节奏流水施工。等节奏流水施工是指有节奏流水施工中各施工过程的流水节拍都相等的流水施工，也称为固定节拍流水施工或全等节拍流水施工。

② 异节奏流水施工。异节奏流水施工是指在有节奏流水施工中，各施工过程的流水节拍各自相等，而不同施工过程之间的流水节拍不尽相等的流水施工。在组织异节奏流水施工时，又可以采用等步距和异步距两种方式。

a. 等步距异节奏流水施工。等步距异节奏流水施工是指在组织异节奏流水施工时，按每个施工过程流水节拍之间的比例关系，成立相应数量的专业工作队而进行的流水施工，也称为加快的成倍节拍流水施工。

b. 异步距异节奏流水施工。异步距异节奏流水施工是指在组织异节奏流水施工时，每个施工过程成立一个专业工作队，由其完成各施工段任务的流水施工，也称为一般的成倍节拍流水施工。

(2) 等节奏流水施工

① 等节奏流水施工的特点。等节奏流水施工是一种最理想的流水施工方式，其特点如下。

a. 所有施工过程在各个施工段上的流水节拍均相等。

b. 相邻施工过程的流水步距相等，且等于流水节拍。

c. 专业工作队数等于施工过程数，即每一个施工过程成立一个专业工作队，由该队完成相应施工过程所有施工段上的任务。

② 等节奏流水施工工期。

a. 等节拍等步距流水施工。同一施工过程的流水节拍相等，不同的施工过程的流水节拍也相等，并且各施工过程之间既没有搭接时间，也没有间歇时间的一种流水施工方式。

其节拍等于步距，工期计算公式如下：

$$T = \sum K_{i,i+1} + T_N = (n-1)t + \sum G + \sum Z - \sum C + mt = (m+n-1)t \quad (2-5)$$
$$\sum K_{i,i+1} = (n-1)K, K = t, \sum G + \sum Z - \sum C = 0$$

b. 等节拍不等步距流水施工。所有施工过程的流水节拍都相等，但是各过程之间的间歇时间（t_j）或搭接时间（t_d）不等于零的流水施工方式，即 $t_j \neq 0$ 或 $t_d \neq 0$。该流水施工方式情况下的各过程节拍、过程之间的步距、工期的特点如下。

ⅰ. 节拍特征：

$$t = 常数$$

ⅱ. 步距特征：

$$K_{i,i+1} = t + t_j - t_d$$

式中　t_j——第 i 个过程和第 $i+1$ 个过程之间的技术或组织间歇时间；

　　　t_d——第 i 个过程和第 $i+1$ 个过程之间的搭接时间。

若过程之间既无间歇时间也无搭接时间，则流水步距也是常数，等于流水节拍。

ⅲ. 工期计算公式：

因为　　　　　　　　　$$T = \sum K_{i,i+1} + T_N$$

$$\sum K_{i,i+1}=(n-1)t+\sum t_j-\sum t_d, T_N=mt$$

所以　$T=(n-1)t+\sum t_j-\sum t_d+mt=(n+m-1)t+\sum t_j-\sum t_d$ 　　　(2-6)

式中　$\sum t_j$——所有相邻施工过程之间的间歇时间累计之和；

　　　$\sum t_d$——所有相邻过程之间搭接时间之和。

③ 等节拍流水的组织方法。

a. 划分施工过程，将工程量较小的施工过程合并到相邻的施工过程中去，目的使各过程的流水节拍相等。

b. 根据主要施工过程的工程量以及工程进度要求，确定该施工过程的施工班组的人数，从而确定流水节拍。

c. 根据已确定的流水节拍，确定其他施工过程的施工班组人数。

d. 检查按此流水施工方式确定的流水施工是否符合该工程工期以及资源等的要求，如果符合，则按此计划实施；如果不符合，则通过调整主导施工过程的班组人数，使流水节拍发生改变，从而调整了工期以及资源消耗情况，使计划符合要求。

在通常情况下，组织固定节拍的流水施工是比较困难的。因为在任一施工段上，不同的施工过程，其复杂程度不同，影响流水节拍的因素也各不相同，很难使得各个施工过程的流水节拍都彼此相等。但是，如果施工段划分得合适，保持同一施工过程各施工段的流水节拍相等是不难实现的。因此就有了异节奏流水施工的组织形式。

（3）异节奏流水施工　异节奏流水施工是指同一施工过程在各施工段上的流水节拍相等，不同施工过程的流水节拍不一定相等的一种流水施工方式。根据流水节拍之间是否存在整数倍关系，可分为不等节拍流水和成倍节拍流水。

① 不等节拍流水施工。不等节拍流水是指同一施工过程在各个施工段的流水节拍相等，不同施工过程之间的流水节拍既不相等也不成倍的流水施工方式。

a. 不等节拍流水施工方式的特点。

ⅰ. 节拍特征。同一施工过程流水节拍相等，不同施工过程流水节拍不一定相等。

ⅱ. 步距特征。各相邻施工过程的流水步距确定方法为基本步距计算公式：

$$K_{i,i+1}=\begin{cases} t_i+(t_j-t_d) & （当\ t_i\leqslant t_{i+1}时）\\ mt_i-(m-1)t_{i+1}+(t_j-t_d) & （当\ t_i>t_{i+1}时）\end{cases}$$

ⅲ. 工期特征。不等节拍工期计算公式为一般流水工期计算表达式，见公式(2-4)。

b. 不等节拍流水的组织方式。

ⅰ. 根据工程对象和施工要求，将工程划分为若干个施工过程。

ⅱ. 根据各施工过程预算出的工程量，计算每个过程的劳动量，然后根据各过程施工班组人数，确定出各自的流水节拍。

ⅲ. 组织同一施工班组连续均衡地施工，相邻施工过程尽可能平行搭接施工。

ⅳ. 在工期要求紧张的情况下，为了缩短工期，可以间断某些次要工序的施工，但主导工序必须连续均衡地施工，且不允许发生工艺顺序颠倒的现象。

c. 不等节拍流水的适用范围。它的适用范围较为广泛，适用于各种分部和单位工程流水。

② 成倍节拍流水施工。成倍节拍流水施工是指在进行项目实施时，使某些施工过程的流水节拍成为其他施工过程流水节拍的倍数，即形成成倍节拍流水施工。成倍节拍流水施工包括一般的成倍节拍流水施工和加快的成倍节拍流水施工。为了缩短流水施工工期，一般均采用加快的成倍节拍流水施工方式。

a. 加快的成倍节拍流水施工。加快的成倍节拍流水施工的参数有如下变化。

ⅰ. 节拍特征。各节拍为最小流水节拍的整数倍或节拍值之间存在公约数关系。

ⅱ. 成倍节拍流水的最显著特点。各过程的施工班组数不一定是一个班组，而是根据该过程流水节拍为各流水节拍值之间的最大公约数（最大公约数一般情况等于节拍值中间的最小流水节拍 $t_{\min}$）的整数倍相应调整班组数。

$$b_i = \frac{t_i}{最大公约数} = \frac{t_i}{t_{\min}} \tag{2-7}$$

式中　b_i——各施工所需的班组数；

　　　t_i——各过程的流水节拍；

　$t_{\min}$——最小流水节拍。

ⅲ. 流水步距特征

$$K_{i,i+1} = 最大公约数 + (t_j - t_d)$$

注意：第一，各施工过程的各个施工段如果要求有间歇时间或搭接时间，流水步距应相应减去或加上；第二，流水步距是指任意两个相邻施工班组开始投入施工的时间间隔，这里的"相邻施工班组"并不一定是指从事不同施工过程的施工班组。因此，步距的数目并不是根据施工过程数目来确定，而是根据班组数之和来确定。假设班组数之和用 N' 表示，则流水步距数目为 $(N'-1)$ 个。

b. 加快的成倍节拍流水施工工期。若不考虑过程之间的搭接时间和间歇时间，则成倍节拍流水实质上是一种不等节拍等步距的流水，它的工期计算公式与等节拍流水工期表达式相近，可以表达为：

$$T = (m + N' - 1)t_{\min} + \sum t_j - \sum t_d$$

式中　N'——施工班组之和，且 $N' = \sum_{i=1}^{n} b_i$。

加快的成倍节拍流水施工工期 T 可按公式（2-8）计算：

$$T = (n'-1)K + \sum G + \sum Z - \sum C + mK = (m - n' - 1)K + \sum G + \sum Z - \sum C \tag{2-8}$$

式中　n'——专业工作队数目，其余符号如前所述。

加快的成倍节拍流水施工的特点如下。

ⅰ. 同一施工过程在其各个施工段上的流水节拍均相等；不同施工过程的流水节拍不等，但其值为倍数关系。

ⅱ. 相邻专业工作队的流水步距相等，且等于流水节拍的最大公约数（K）。

ⅲ. 专业工作队数大于施工过程数，即有的施工过程只成立一个专业工作队，而对于流水节拍大的施工过程，可按其倍数增加相应专业工作队数目。

ⅳ. 各个专业工作队在施工段上能够连续作业，施工段之间没有空闲时间。

2.1.3.2　无节奏流水施工

在组织流水施工时，经常由于工程结构形式、施工条件不同等原因，使得各施工过程在各施工段上的工程量有较大差异，或因专业工作队的生产效率相差较大，导致各施工过程的流水节拍随施工段的不同而不同，且不同施工过程之间的流水节拍又有很大差异。这时，流水节拍虽无任何规律，但仍可利用流水施工原理组织流水施工，使各专业工作队在满足连续施工的条件下，实现最大程度搭接。这种无节奏流水施工方式是建设工程流水施工的普遍方式。

（1）无节奏流水施工的特点　无节奏流水施工具有以下特点。

① 各施工过程在各施工段的流水节拍不全相等。

② 相邻施工过程的流水步距不尽相等。

③ 专业工作队数等于施工过程数。

④ 各专业工作队能够在施工段上连续作业，但有的施工段之间可能有空闲时间。

（2）流水步距的确定　在无节奏流水施工中，通常采用"累加数列，错位相减，取大差法"计算流水步距。由于这种方法是由潘特考夫斯基首先提出的，故又称为潘特考夫斯基法。这种方法简捷、准确，便于掌握。

累加数列错位相减取大差法的基本步骤如下。

① 对每一个施工过程在各施工段上的流水节拍依次累加，求得各施工过程流水节拍的累加数列。

② 将相邻施工过程流水节拍累加数列中的后者错后一位，相减后求得一个差数列。

③ 在差数列中取最大值，即为这两个相邻施工过程的流水步距。

（3）流水施工工期的确定　流水施工工期可按公式（2-9）计算：

$$T = \sum K + \sum t_n + \sum G + \sum Z - \sum C \tag{2-9}$$

式中　T——流水施工工期；

$\sum K$——各施工过程（或专业工作队）之间流水步距之和；

$\sum t_n$——最后一个施工过程（或专业工作队）在各施工段流水节拍之和；

$\sum Z$——组织间歇时间之和；

$\sum G$——工艺间歇时间之和；

$\sum C$——提前插入时间之和。

2.2 网络计划技术

2.2.1 网络计划的概念

2.2.1.1 网络计划概念及其基本原理

网络计划（network planning）是以网络图（network diagram）的形式来表达任务构成、工作顺序并加注工作时间参数的一种进度计划。网络图是指由箭线和节点（圆圈）组成的，用来表示工作流程的有向、有序的网状 F 图形。网络图按其所用符号的意义不同，可分为双代号网络图（activity-on-arrow network）和单代号网络图（activity-on-node network）两种。

双代号网络图又称箭线式网络图，它是以箭线及其两端节点的编号表示工作；同时，节点表示工作的开始或结束以及工作之间的连接状态。单代号网络图又称节点式网络图，它是以节点及其编号表示工作，箭线表示工作之间的逻辑关系。两种网络图的表现形式如图 2-7 所示。

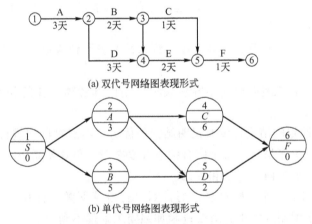

(a) 双代号网络图表现形式

(b) 单代号网络图表现形式

图 2-7　网络图

网络计划方法的基本原理是：首先，绘制工程施工网络图，以此来表达计划中各施工过程先后顺序的逻辑关系；其次，通过计算，分析各施工过程在网络图中的地位，找出关键线路及关键施工过程；再次，按选定目标不断改善计划安排，选择最优方案，并付诸实施；最后，在执行过程中进行有效的控制和监督，使计划尽可能的实现预期目标。

2.2.1.2 横道计划与网络计划的比较

（1）横道计划　横道计划是结合时间坐标线，用一系列水平线段分别表示各施工过程的施工起止时间及其先后顺序的一种进度计划，如图 2-8 所示。由于该计划最初是由美国人甘特研究的，因此，也称为甘特图。

① 优点。

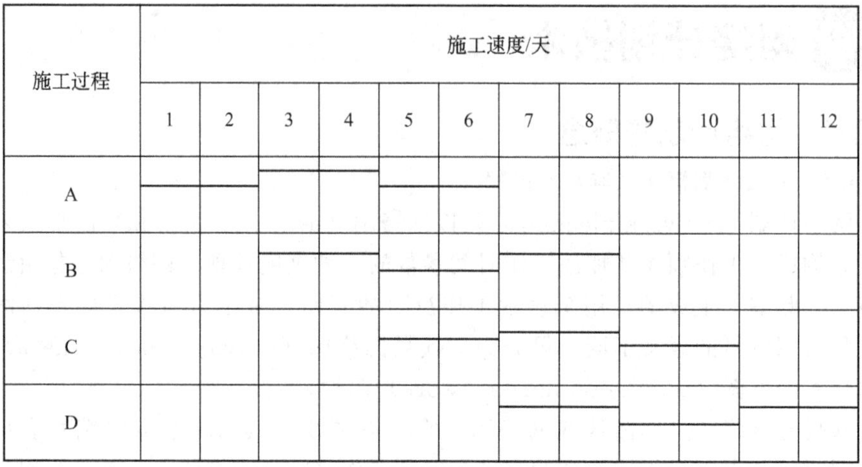

施工过程	施工速度/天											
	1	2	3	4	5	6	7	8	9	10	11	12
A												
B												
C												
D												

图 2-8　某项目横道图进度计划

a. 编制计划较简单、容易，各施工过程进度形象、直观、明了、易懂。

b. 结合时间坐标，各项工作的起止时间、作业延续时间、工作进度、总工期等都能一目了然。

c. 能将计划项目排列得整齐有序，流水情况表示较清楚。

② 缺点。

a. 当计划项目较复杂时，不容易表示计划内部各项工作的相互联系、相互制约及协作关系。

b. 只给出计划的结论，没有说明结论的优劣，不能对计划进行决策和控制；当计划项目多、工序搭接、工种配合关系较复杂时，很难暴露矛盾、突出工作重点，不能反映计划的内在矛盾和关键。

c. 不能利用电子计算机对复杂的计划进行电算调整及优化；计划的效果和质量，仅取决于编制人水平，对改进和加强施工管理不利。

（2）网络计划　网络计划与横道计划相比，具有以下特点。

① 优点。

a. 能明确反映各施工过程之间相互联系、相互制约的逻辑关系。

b. 能进行各种时间参数的计算，找出关键施工过程和关键线路，便于在施工中抓住主要矛盾，避免盲目施工。

c. 可通过计算各过程存在的机动时间，更好地利用和调配人力、物力等各项资源，达到降低成本的目的。

d. 可以利用计算机对复杂的计划进行有目的控制和优化，实现计划管理的科学化。

② 缺点。

a. 绘图麻烦、不易看懂，表达不直观。

b. 在无时标网络计划中，无法直接在图中进行各项资源需要量统计。

为了克服网络计划的以上不足之处，在实际工程中可以采用流水网络计划和时标网络计划，详见网络计划的应用。

2.2.1.3 网络计划的分类

网络计划技术是一种内容非常丰富的计划管理方法，在实际应用中，通常从不同角度将其分成不同的类别。常见的分类方法有以下几种。

(1) 按网络计划工作持续时间的特点分类

① 肯定型网络计划。如果网络计划中各项工作之间的逻辑关系是肯定的，各项工作的持续时间也是确定的，而且整个网络计划有确定的工期，这类型的网络计划就称为肯定型网络计划。其解决问题的方法主要为关键线路法（CPM）。

② 非肯定型网络计划。如果网络计划中各项工作之间的逻辑关系或工作的持续时间是不确定的，整个网络计划的工期也是不确定的，这类型的网络计划就称为非肯定型网络计划。

(2) 按工作表示方法的不同分类

① 双代号网络计划。双代号网络计划是各项工作以双代号表示法绘制而成的网络计划。在网络图中，以箭杆代表工作，节点表示过程开始或结束的瞬间，计划中的每项工作均可用箭杆两端的节点内的编号来表示，如图 2-7(a) 所示。

② 单代号网络计划。单代号网络计划是以单代号的表示方法绘制而成的网络计划。在单代号网络图中，以节点表示工作，箭杆仅表示过程之间的逻辑关系，并且，各工作均可用代表该工作的节点中的编号来表示，如图 2-7(b) 所示。

美国较多使用双代号网络计划，欧洲则较多使用单代号网络计划。

(3) 按有无时间坐标分类

① 无时标网络计划。不带有时间坐标的网络计划称为无时标网络计划。在无时标网络计划中，工作箭杆长度与该工作的持续时间无关，各施工过程持续时间，用数字写在箭杆的下方。习惯上简称网络计划。

② 有时标网络计划。带有时间坐标的网络计划称为有时标网络计划。该计划以横坐标为时间坐标，每项工作箭杆的水平投影长度与其持续时间成正比关系，即箭杆的水平投影长度就代表该工作的持续时间。时间坐标的时间单位（天、周、月等）可根据实际需要来确定。

(4) 按网络计划的性质和作用分类

① 控制性网络计划。控制性网络计划是以单位工程网络计划和总体网络计划的形式编制，是上级管理机构指导工作、检查和控制进度计划的依据，也是编制实施性网络计划的依据。

② 实施性网络计划。在编制的对象为分部工程或者是复杂的分项工程时，以局部网络计划的形式编制，因此，施工过程划分较细，计划工期较短。它是管理人员在现场具体指导施工的依据，是控制性进度计划得以实施的基本保证。对

于较简单的工程，也可以编制实施性网络计划。

（5）按网络计划的目标分类

① 单目标网络计划。只有一个最终目标的网络计划称为单目标网络计划，单目标网络计划只有一个终节点。

② 多目标网络计划。由若干个独立的最终目标和与其相关的有关工作组成的网络计划称为多目标网络计划，多目标网络计划一般有多个终节点。

我国《工程网络计划技术规程》（JGJ/T 121—1999）推荐的常用工程网络计划类型。

a. 双代号网络计划。

b. 单代号网络计划。

c. 双代号时标网络计划。

d. 单代号搭接网络计划。

2.2.2 双代号网络图

在双代号网络图中，用一根箭线表示一个施工过程，过程的名称标注在箭线的上方，持续时间标注在箭线的下方，箭尾表示施工过程的开始，箭头表示施工过程的结束。在箭线的两端分别画一个圆圈作为节点，并在节点内编号，用箭尾节点编号和箭头节点编号作为这个施工过程的代号，如图 2-9 所示。

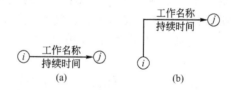

图 2-9 双代号网络图中工作的表示方法

由于各施工过程均用两个代号表示，因此，该表示方法通常称为双代号的表示方法。用这种表示方法将计划中的全部工作根据它们的先后顺序和相互关系，从左到右绘制而成的网状图形就叫作双代号网络图，如图 2-7(a) 所示。用这种网络图表示的计划叫作双代号网络计划。

2.2.2.1 组成双代号网络图的基本要素

双代号网络图是由箭线、节点和线路 3 个基本要素组成的，其具体应用如下。

（1）箭线 在一个网络计划中，箭线分为实箭线和虚箭线，两者表示的含义不同，如图 2-10 所示。

图 2-10 箭线

① 实箭线

a. 一根实箭线表示一个施工过程（或一项工作）。箭线表示的施工过程可大可小，既可以表示一个单位工程，如土建、装饰、设备安装等，又可表示一个分部工程，如基础、主体、屋面等，还可表示分项工程，如抹灰、吊顶等。

b. 一般情况下，每个实箭线表示的施工过程都要消耗一定的时间和资源。有时，只消耗时间不消耗资源的混凝土养护、砂浆找平层干燥等技术间歇，若为单独考虑，也应作为一个施工过程来对待，也用实箭线来表示。

c. 箭线的方向表示工作的进行方向和前进路线，箭尾表示工作的开始，箭头表示工作的结束。

d. 箭线的长短一般与工作的持续时间无关（时标网络计划例外）。

e. 按照网络图中，工作之间的相互关系，可将工作分为以下 3 种类型。

ⅰ. 紧前工作。也叫作紧前工序。紧排在本工作之前的工作就称为本工作的紧前工作，工作与其紧前工作之间有时需要通过虚箭线来联系。

ⅱ. 紧后工作。也叫作紧后工序。紧排在本工作之后的工作就称为本工作的紧后工作，工作与其紧后工作之间有时也需要通过虚箭线来联系，如图 2-11 所示。

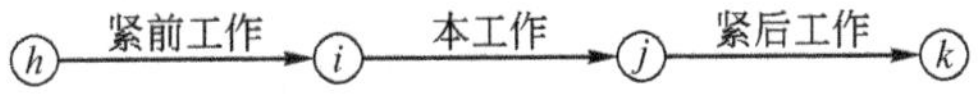

$$\text{(h)} \xrightarrow{\text{紧前工作}} \text{(i)} \xrightarrow{\text{本工作}} \text{(j)} \xrightarrow{\text{紧后工作}} \text{(k)}$$

图 2-11 工作的关系分类

ⅲ. 平行工作。也叫作平行工序。可与本工作同时进行的工作称为平行工作，如图 2-12 所示的 AB 工作。

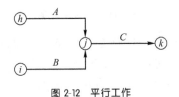

图 2-12 平行工作

② 虚箭线。虚箭线是指一端带箭头的虚线，在双代号网络图中表示一项虚拟的工作，目的是使工作之间的逻辑关系得到正确表达，既不消耗时间也不消耗资源。它在双代号网络图中起逻辑连接或逻辑间断的作用，如图 2-10(b) 所示。

（2）节点（圆圈）

① 网络图中箭线端部的圆圈或其他形状的封闭图形就叫节点。在双代号网络图中，它表示工作之间的逻辑关系，即前面工作结束或后面工作开始的瞬间，既不消耗时间也不消耗资源。如图 2-11 所示的节点。

② 节点根据其位置和含义不同，可分为以下 3 种类型。

a. 起始节点。网络图的第一个节点称为起始节点，代表一项网络计划的开始。起始节点只有一个。

b. 结束节点。也叫作终节点，网络图的最后一个节点称为终节点，代表一项计划的结束。在单目标网络计划中，结束节点只有一个。

c. 中间节点。位于起始节点和终节点之间的所有节点都称为中间节点，既表示前面工作结束的瞬间，又表示后面工作开始的瞬间。中间节点有若干个。

③ 节点的编号。为了叙述和检查方便，应对节点进行编号，节点编号的要求和原则为：从左到右，由小到大，始终做到箭尾编号小于箭头编号，即 $i < j$；节点编号过程中，编码可以不连续，但不可以重复。

（3）线路

① 线路含义及分类。网络图中，从起始节点开始，沿箭线方向连续通过一系列节点和箭线，最后到达终节点的若干条通道，称为线路。线路可依次用该线路上的节点号码来表示，也可依次用该线路上的过程名称来表示。通常情况下，一个网络图可以有多条线路，线路上各施工过程的持续时间之和为线路时间。它表示完成该线路上所有工作所需的时间。一般情况下，各条线路时间往往各不相同，其中，所花时间最长的线路称为关键线路；除关键线路之外的其他线路称为非关键线路，非关键线路中所花时间仅次于关键线路的线路称为次关键线路。

如图 2-13 所示，根据该网络图的线路走向，图中共有 5 条线路，其持续时间如下。

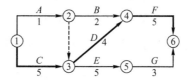

图 2-13　双代号网络图

第一条线路：①→②→③→⑤→⑥＝1＋5＋3＝9。

第二条线路：①→②→④→⑥＝1＋2＋5＝8。

第三条线路：①→②→③→④→⑥＝1＋4＋5＝10。

第四条线路：①→③→④→⑥＝5＋4＋5＝14。

第五条线路：①→③→⑤→⑥＝5＋5＋3＝13。

由上述分析计算可知，第四条线路所花时间最长，即为关键线路。它决定该网络计划的计算工期。其他线路都称为非关键线路。关键线路在网络图上一般用粗箭线或双箭线来表示。一个网络图至少存在一条关键线路，也可能存在多条关键线路。在一个网络计划中，关键线路不宜过多，否则按计划工期完成任务的难度就较大。

关键线路并不是一成不变的，在一定程度下，关键线路和非关键线路可以互相转化。例如，当关键线路上的工作时间缩短或非关键线路上的工作时间延长时，就可能使关键线路发生转移。

② 施工过程根据所在线路的分类。各过程由于所在线路不同，可以分为两类：关键工作和非关键工作。位于关键线路上的工作称为关键工作，图 2-13 中关键工作为①→③、③→④、④→⑥。

位于非关键线路上，除关键工作之外的其他工作称为非关键工作，图2-13中非关键工作为③→⑤、⑤→⑥等。

③ 线路时差。非关键线路与关键线路之间存在的时间差，称为线路时差。例如，图2-13中关键线路与第五条线路的时差为1天，即在不影响工期情况下，非关键线路有一天的机动时间。

线路时差的意义：非关键施工过程可以在时差允许范围内，将部分资源调配到关键工作上，从而加快施工进度；或者在时差范围内，改变非关键工作的开始和结束时间，达到均衡资源的目的。

2.2.2.2 双代号网络图的绘制方法

正确绘制工程的网络图是网络计划方法应用的关键。因此，绘图时，必须做到以下两点：首先，绘制的网络图必须正确表达过程之间的各种逻辑关系；其次，必须遵守双代号网络图的绘图规则。也就是一个正确的双代号网络图应是在遵守绘图规则的基础上，正确表达过程之间的逻辑关系的一个网络图。此外，绘制实际工程的网络图时，还应选择适当的排列方法。

（1）网络图逻辑关系及其正确表示

① 网络图逻辑关系。网络图逻辑关系是指网络计划中所表示的各个工作之间客观上存在或主观上安排的先后顺序关系。这种顺序关系划分为两类：一类是施工工艺关系，简称工艺逻辑；另一类是施工组织关系，简称组织逻辑。

② 工艺关系和组织关系图解。

a. 工艺关系。生产性工作之间由工艺过程决定的、非生产性工作之间由工作程序决定的先后顺序关系称为工艺关系。工艺关系是由施工工艺或操作规程所决定的各个工作之间客观上存在的先后施工顺序。对于一个具体的分部工程来说，当确定了施工方法以后，则该分部工程的各个工作的先后顺序一般是固定的，不能颠倒的。如图2-14所示，支模1→扎筋1→混凝土1为工艺关系。

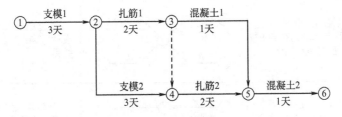

图 2-14　逻辑关系示意图

b. 组织关系。组织关系是在施工组织安排中，考虑劳动力、机具、材料或工期等影响，在各工作之间主观上安排的先后顺序关系。这种关系不受施工工艺的限制，不是工程性质本身决定的，而是在保证施工质量、安全和工期等前提下，可以人为安排的顺序关系。比如有甲、乙、丙三处景观小品，可以将甲作为第一段施工段，乙第二段，丙第三段；也可以将乙作为第一段施工段，甲第二段，丙第三段等。如图2-14所示，支模1→支模2；扎筋1→扎筋2等为组织关系。

③ 逻辑关系正确表示图解。为了能够正确而迅速地绘制双代号网络图，需要掌握常见的工作关系表示方法网，见表 2-3。

表 2-3 网络图中各工作逻辑关系表示方法

序号	工作之间的逻辑关系	网络图中表示方法	说明
1	有A、B 两项工作，按照依次施工方式进行		B 工作依赖着A 工作，A 工作约束着B 工作的开始
2	有A、B、C 三项工作，同时开始工作		A、B、C 三项工作称为平行工作
3	有A、B、C 三项工作，同时结束		A、B、C 三项工作称为平行工作
4	有A、B、C 三项工作，只有在A 完成后，B、C 才能开始		A 工作制约着B、C 工作的开始。B、C 为平行工作
5	有A、B、C 三项工作，C 工作只有在A、B 完成后才能开始		C 工作依赖着A、B 工作。A、B 为平行工作
6	有A、B、C、D 四项工作，只有当A、B 完成后，C、D 才能开始		通过中间事件 j 正确地表达了A、B、C、D 之间的关系
7	有A、B、C、D 四项工作，A 完成后C 才能开始，A、B 完成后D 才能开始		D 与A 之间引发了逻辑连接（虚工作），只有这样才能正确表达它们之间的约束关系
8	有A、B、C、D、E 五项工作，A、B 完成后C 开始，B、D 完成后E 开始		虚工作 ij 反映出C 工作受到B 工作的约束；虚工作 ik 反映出E 工作受到B 工作的约束

续表

序号	工作之间的逻辑关系	网络图中表示方法	说明
9	有A、B、C、D、E 五项工作，A、B、C 完成后D 才能开始，B、C 完成后E 才能开始		这是前面序号 1、5 情况通过虚工作连接起来，虚工作表示D 工作受到B、C 工作的制约
10	A、B 两项工作，分三个施工段，平行施工		每个工种工程建立专业工作队，在每个施工段上进行流水作业，不同工种之间用逻辑搭接关系表示

（2）双代号网络图绘制规则　双代号网络图在绘制过程中，除正确表达逻辑关系外，还应遵循以下绘图规则。

① 网络图必须按照已定的逻辑关系绘制。由于网络图是有向、有序网状图形，所以其必须严格按照工作之间的逻辑关系绘制，这同时也是为保证工程质量和资源优化配置及合理使用所必需的。

② 网络图中不允许出现从一个节点出发，顺箭头方向又回到原出发点的循环回路。如果出现循环回路，会造成逻辑关系混乱，使工作无法按顺序进行。如图 2-15 所示，网络图中存在不允许出现的循环回路 BCGF。当然，此时节点编号也发生错误。

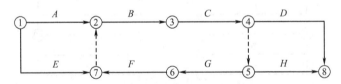

图 2-15　存在循环回路的错误网络图

③ 网络图中的箭线（包括虚箭线，以下同）应保持自左向右的方向，不应出现箭头指向左方的水平箭线和箭头偏向左方的斜向箭线。若遵循该规则绘制网络图，就不会出现循环回路。

④ 网络图中不允许出现双向箭头和无箭头的连线。网络图反映的施工进度计划是有方向的，是沿箭头方向进行施工的。因此只能用两个节点一条箭线来表示一项工作，否则会使逻辑关系含糊不清。如图 2-16 所示即为错误的工作箭线画法，因为工作进行的方向不明确，因而不能达到网络图有向的要求。

⑤ 网络图中每条箭线的首尾都必须有节点。任何一条箭线，都必须从一个节点开始到另一个节点结束。如图 2-17 所示即为错误的画法（一）。

⑥ 严禁在箭线上引入或引出箭线，如图 2-18 所示即为错误的画法（二）。

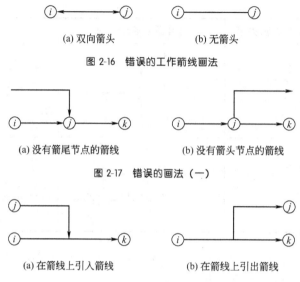

图 2-16　错误的工作箭线画法

(a) 双向箭头　　　(b) 无箭头

(a) 没有箭尾节点的箭线　　(b) 没有箭头节点的箭线

图 2-17　错误的画法（一）

(a) 在箭线上引入箭线　　(b) 在箭线上引出箭线

图 2-18　错误的画法（二）

⑦ 当双代号网络图的起点节点有多条箭线引出（外向箭线）或终点节点有多条箭线引入（内向箭线）时，为使图形简洁，可用母线法绘图。即将多条箭线经一条共用的垂直线段从起点节点引出，或将多条箭线经一条共用的垂直线段引入终点节点，如图 2-19 所示。对于特殊线型的箭线，如粗箭线、双箭线、虚箭线、彩色箭线等，可在从母线上引出的支线上标出。

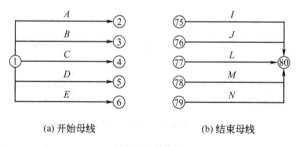

(a) 开始母线　　　(b) 结束母线

图 2-19　母线法

⑧ 应尽量避免网络图中工作箭线的交叉。当交叉不可避免时，可以采用过桥法或指向法处理，如图 2-20 所示。

⑨ 在一个网络图中只允许有一个起始节点和一个终止节点。在每个网络图中，只能出现唯一的起始和唯一的终止节点。除网络图的起点和终点之外，不得再出现没有外向工作的节点，也不得出现没有内向工作的节点（多目标网络除外）。在工作不可能出现相同编号的情况下，可直接把没有内向箭线的各节点、没有外向箭线的各节点分别合并为一个节点，以减少虚箭线重复计算的工作量。如图 2-21 所示网络图中有两个起点节点①和②，两个终点节点⑦和⑧。该网络图的正确画法如图 2-22 所示，即将节点①和②合并为一个起点节点，将节点

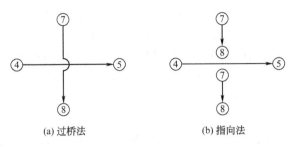

(a) 过桥法　　　　　　　　(b) 指向法

图 2-20　箭线交叉的表示方法

⑦和⑧合并为一个终点节点。

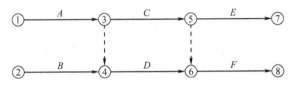

图 2-21　存在多个起点节点和多个终点节点的错误网络图

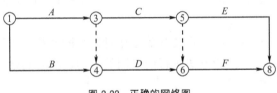

图 2-22　正确的网络图

（3）双代号网络图绘制步骤　当已知每一项工作的紧前工作时，可按下述步骤绘制双代号网络图。

① 绘制没有紧前工作的工作箭线，使它们具有相同的开始节点，以保证网络图只有一个起点节点。

② 依次绘制其他工作箭线。这些工作箭线的绘制条件是其所有紧前工作箭线都已经绘制出来。在绘制这些工作箭线时，应按下列原则进行。

a. 当所要绘制的工作只有一项紧前工作时，则将该工作箭线直接画在其紧前工作箭线之后即可。

b. 当所要绘制的工作有多项紧前工作时，应按以下 4 种情况分别予以考虑。

ⅰ. 对于所要绘制的工作（本工作）而言，如果在其紧前工作之中存在一项只作为本工作紧前工作的工作（即在紧前工作栏目中，该紧前工作只出现一次），则应将本工作箭线直接画在该紧前工作箭线之后，然后用虚箭线将其他紧前工作箭线的箭头节点与本工作箭线的箭尾节点分别相连，以表达它们之间的逻辑关系。

ⅱ. 对于所要绘制的工作（本工作）而言，如果在其紧前工作之中存在多项只作为本工作紧前工作的工作，应先将这些紧前工作箭线的箭头节点合并，再从合并后的节点开始，画出本工作箭线，最后用虚箭线将其他紧前工作箭线的箭头节点与本工作箭线的箭尾节点分别相连，以表达它们之间的逻辑关系。

ⅲ. 对于所要绘制的工作（本工作）而言，如果不存在情况ⅰ和情况ⅱ时，应判断本工作的所有紧前工作是否都同时作为其他工作的紧前工作（即在紧前工作栏目中，这几项紧前工作是否均同时出现若干次）。如果上述条件成立，应先将这些紧前工作箭线的箭头节点合并后，再从合并后的节点开始画出本工作箭线。

ⅳ. 对于所要绘制的工作（本工作）而言，如果既不存在情况ⅰ和情况ⅱ，也不存在情况ⅲ时，则应将本工作箭线单独画在其紧前工作箭线之后的中部，然后用虚箭线将其各紧前工作箭线的箭头节点与本工作箭线的箭尾节点分别相连，以表达它们之间的逻辑关系。

③ 当各项工作箭线都绘制出来之后，应合并那些没有紧后工作的工作箭线的箭头节点，以保证网络图只有一个终点节点（多目标网络计划除外）。

④ 当确认所绘制的网络图正确后，即可进行节点编号。网络图的节点编号在满足上述要求的前提下，既可采用连续的编号方法，也可采用不连续的编号方法，如1、3、5…或5、10、15…，以避免以后增加工作时而改动整个网络图的节点编号。

以上所述是已知每一项工作的紧前工作时的绘图方法，当已知每一项工作的紧后工作时，也可按类似的方法进行网络图的绘制，只是其绘图顺序由前述的从左向右改为从右向左。

2.2.3 单代号网络图

单代号网络图是网络计划的另外一种表示方法，也是由节点、箭线和线路组成，但是，构成单代号网络图的基本符号的含义与双代号网络图不尽相同，它是用一个圆圈或方框代表一项工作，将工作的代号、工作名称、工作的持续时间写在圆圈或方框之内，箭线仅用来表示工作之间的逻辑关系和先后顺序，这种表示方法通常称为单代号的表示方法，如图2-23（a）所示。用这种表示方法把一项计划中的工作按先后顺序和逻辑关系，从左到右绘制而成的图形，就叫作单代号网络图；用单代号网络图表示的计划叫作单代号网络计划，如图2-23（b）所示。

单代号网络图与双代号网络图特点比较如下。

（1）单代号网络图具有绘制简便，逻辑关系明确，并且表示逻辑关系时，可以不借助虚箭杆，因而绘制较双代号网络图简单。

（2）单代号网络图具有便于说明，容易被非专业人员所理解和易于修改的优点。这对于推广和应用网络计划编制进度计划，进行全面管理是有益的。

（3）单代号网络图在表达进度计划时，不如双代号网络计划更形象，特别是应用在带有时间坐标的网络计划中。

（4）双代号网络图在应用电子计算机进行计算和优化过程更为简便，这是因为在双代号网络图中，用两个代号表示一项工作，可以直接反映紧前工作和紧后

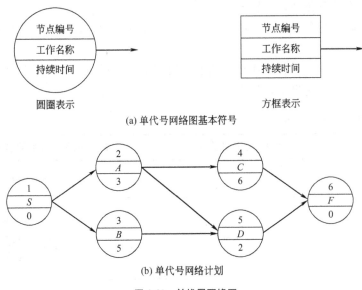

(a) 单代号网络图基本符号

(b) 单代号网络计划

图 2-23　单代号网络图

工作的关系。而单代号网络图就必须按工作列出紧前、紧后工作关系，这在计算机中，需要更多的存储单元。

　　由于单代号网络图和双代号网络图具有各自的优缺点，因此，不同情况下，其表现的繁简程度也不相同。

　　目前，单代号网络计划应用不是很广。今后，随着计算机在网络计划中的应用不断扩大，国内外对单代号网络计划会逐渐重视起来。这里，对单代号网络计划只进行简要介绍。

2.2.3.1　单代号网络图的基本要素

　　单代号网络图是由箭线、节点、线路 3 个基本要素组成。

　　(1) 箭线　单代号网络图中，箭线表示紧邻工作之间的逻辑关系，工作间的逻辑关系包括工艺关系和组织关系，在网络图中均表现为工作之间的先后顺序。既不消耗时间，也不消耗资源，同双代号网络计划中虚箭线的含义。箭线的形状和方向可根据绘图需要而定，但箭线不可以为曲线，尽可能为水平或水平构成的折线，也可以是斜线。箭线水平投影的方向应自左向右，表示工作的行进方向。

　　(2) 节点　单代号网络图中，每一个节点表示一项工作，宜用圆圈或矩形框表示。节点所表示的工作名称、持续时间和工作的代号等都应标注在节点内。节点既消耗时间，又消耗资源，同双代号网络计划中实箭线的含义。

　　(3) 线路　单代号网络图的线路同双代号网络图的线路的含义是相同的。即从网络计划的起始节点到结束节点之间的若干条通道。各条线路应用该线路上的节点编号自小到大依次描述。

　　从网络计划的起始节点到结束节点之间持续时间最长的线路叫关键线路，其余线路统称为非关键线路。

2.2.3.2 单代号网络图的绘制方法

（1）正确表达各种逻辑关系　单代号网络图在绘制过程中，首先也要正确表达逻辑关系。

根据工程计划中，各工作在工艺上、组织上的先后顺序和逻辑关系，用单代号表达方式正确表达出来，见表 2-4。

表 2-4　单代号网络图逻辑关系

序号	工作之间的逻辑关系	单代号网络图中的表示方法
1	A 完成后进行 B	
2	A、B、C 同时进行	
3	A、B、C 同时结束	
4	A、B 均完成后进行 C	
5	A、B 均完成后进行 C、D	
6	A 完成后进行 C、B	
7	A 完成后进行 C、A、B 均完成后进行 D	

（2）单代号网络图的绘图规则　由于单代号网络图和双代号网络图所表达的计划内容是一致的，两者的区别仅在于绘图符号的不同或者说工作的表示方法不同而已。因此，绘制双代号网络图所遵循的绘图规则，对绘制单代号网络图同样适用。例如，必须正确表达各项工作间的逻辑关系；不允许出现循环回路；不允许出现编号相同的工作；不允许出现双向箭线或没有箭头的箭线；网络图只允许

有一个起点节点和一个终点节点等。有所不同的是，当有多项开始和多项结束工作时，应在单代号网络图的两端分别设置一项虚工作，作为网络图的起点节点和终点节点，其他再无任何虚工作，如图 2-23（b）中的开始节点就是一项虚工作。

具体绘制规则如下。

① 单代号网络图必须正确表述已定的逻辑关系。

② 单代号网络图中，严禁出现循环线路。

③ 单代号网络图中，严禁出现双向箭头或无箭头的连线。

④ 单代号网络图中，严禁出现没有箭尾节点的箭线和没有箭头节点的箭线。

⑤ 绘制网络图时，箭线不宜交叉。当交叉不可避免时，可采用过桥法和指向法绘制。

⑥ 单代号网络图只应有一个起点节点和一个终点节点；当网络图中有多项起点节点或多项终点节点时，应在网络图的两端分别设置一项虚工作，作为该网络图的起点节点（S_t）和终点节点（F_{in}）。

2.2.4 网络计划技术的应用

网络计划的应用根据工程对象不同可分为：分部工程网络计划、单位工程网络计划、群体工程网络计划。若根据综合应用原理不同，则可分为：时间坐标网络计划、单代号搭接网络计划、流水网络计划。

2.2.4.1 网络计划在不同工程对象中的应用

无论是分部工程或单位工程以及群体工程网络计划，其编制步骤如下：

① 确定施工方案或施工方法；

② 划分施工过程或单项工程；

③ 计算各施工过程或单项工程的劳动量、持续时间、机械台班；

④ 绘制网络图并调整；

⑤ 计算时间参数及优化。

（1）分部工程网络计划 在编制分部工程网络计划时，既要考虑各施工过程之间的工艺关系，又要考虑组织施工中它们之间的组织关系。只有考虑这些逻辑关系后，才能构成正确的施工网络计划。

（2）单位工程网络计划 编制单位工程网络计划时，首先，熟悉图纸，对工程对象进行分析了解建设要求和现场施工条件，选择施工方案，确定合理的施工顺序和主要施工方法，根据各施工过程之间的逻辑关系，绘制网络图；其次，分析各施工过程在网络图中的地位，通过计算时间参数，确定关键施工过程、关键线路和非关键工作的机动时间；最后，统筹考虑，调整计划，制订出最优的计划方案。

2.2.4.2 综合应用网络计划

（1）时标网络计划

① 概念。时标网络计划是指以时间坐标为尺度编制的网络计划。它综合应用横道图的时间坐标和网络计划的原理，吸取了两者长处，使其结合起来应用的一种网络计划方法。时间坐标的网络计划简称时标网络计划。前面讲到的是无时标网络，在无时标网络图中，工作持续时间由箭线下方标注的数字表明，而与箭线的长短无关。无时标网络计划更改比较方便，但是由于没有时间坐标，看起来不直观、明了，现场指导施工不方便，不能一目了然地在图上直接看出各项工作的开始和结束时间以及工期。

② 时标网络计划的特点。

a. 时标网络计划中，箭线的水平投影长度直接代表该工作的持续时间。

b. 时标网络计划中，可以直接显示各施工过程的开始时间、结束时间与计算工期等时间参数。

c. 在时标网络计划中，不容易发生闭合回路的错误。

d. 可以直接在时标网络计划的下方绘制资源动态曲线，从而进行劳动力、材料、机具等资源需要量的分析。

e. 由于箭线长度受时间坐标的限制，因此，修改和调整不如无时标网络计划方便。

③ 双代号时标网络计划绘制一般规定。

a. 双代号时标网络计划必须以水平时间坐标为尺度表示工作时间，时标时间单位应根据需要在编制网络计划之前确定，可以为时、天、周、月或季。

b. 时标网络计划应以实箭线表示工作，以虚箭线表示虚工作，以波形线表示工作自由时差。

c. 时标网络计划中所有符号在时间坐标上的水平投影位置，都必须与其时间参数相对应。节点中心必须对准相应的时标位置。虚工作必须以垂直方向的虚箭线表示，有自由时差时加波形线表示。

（2）时标网络计划的分类和绘制方法

① 时标网络计划。根据节点参数的意义不同，可以分为早时标网络计划（将计划按最早时间绘制的网络计划）和迟时标网络计划（将计划按最迟时间绘制的网络计划）两种，如图 2-24 和图 2-25 所示。一般情况下，应按最早时间绘制。这样，可以使节点和虚工作尽量向左靠。

② 时标网络计划绘制方法。时标网络计划绘制方法有间接绘制法和直接绘制法两种。

a. 间接绘制法绘制时标网络计划。间接绘制法绘制时标网络计划是先计算网络计划中节点的时间参数，然后根据时间参数，按草图在时间坐标上进行绘制的方法。按最早时间绘制时标网络计划的方法和步骤如下。

ⅰ. 绘制无时标网络计划草图，计算节点最早可能时间 T_i，从而确定网络计划的计算工期 T_c。

ⅱ. 根据计算工期 T_c，选定时间单位绘制坐标轴。时标可标注在时标网络

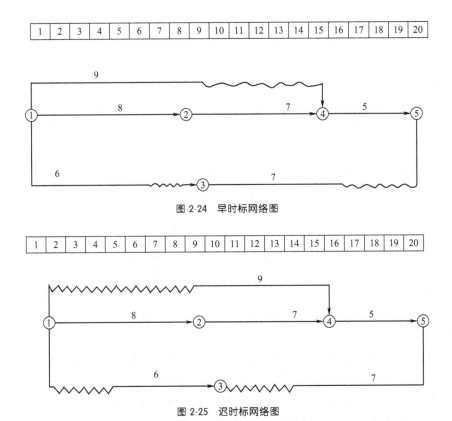

图 2-24 早时标网络图

图 2-25 迟时标网络图

图的顶部或底部，时标的长度单位必须注明。

ⅲ．根据网络图中各节点的最早时间（也就是各节点后面工作的最早开始时间），从起点节点开始将各节点按照节点最早可能时间，逐个定位在时间坐标的纵轴上。

ⅳ．依次在各节点后面绘出箭线。

绘制时，应先画关键工作、关键线路，然后再画非关键工作。将箭线尽可能画成水平或水平竖直构成的折线，箭线的水平投影长度代表该工作的持续时间；如箭线画成斜线，则以其水平投影长度为其持续时间。如箭线长度不够与该工作的结束节点直接相连，则其余部分用水平波形线从箭线端部画至结束节点处。波形线的水平投影长度，代表该工作的自由时差。

ⅴ．用虚箭线连接原双代号网络图中节点间的虚箭杆。虚工作必须以垂直方向的虚箭线表示，有自由时差时加波形线表示。

ⅵ．把时差为零的箭线从起点节点到终点节点连接起来，并用粗线或双箭线或彩色箭线表示，即形成时标网络计划的关键线路。

注意：时标网络计划中，从始节点到终节点不存在波形线路就是关键线路。

间接绘制法绘制迟时标网络计划的方法和步骤与绘制早时标网络计划的方法和步骤基本一致，稍有不同的是：绘制迟时标网络计划时，计算节点时间参数，不仅计算节点最早时间，而且，还要计算节点最迟时间；节点在时间坐标中的位置是按照节点最迟时间来标注的；在迟时标网络计划中，水平波线代表存在机动时间，但并不代表工作自由时差。

b. 直接法绘制时标网络计划。直接法绘制时标网络计划是不计算网络计划的时间参数，直接按草图在时间坐标上进行绘制的方法。该种方法应是在熟悉间接绘制法的基础上，对于时标网络计划有了较深理解之后，才可以熟练掌握和应用。

直接法绘制时标网络计划的方法和步骤如下。

ⅰ. 将起点节点的中心定位在时间坐标表的横轴为零的纵轴上。

ⅱ. 按工作的持续时间在坐标系中绘制以网络计划起始点节点为开始节点的工作箭杆。其他工作的开始节点必须在该工作的所有紧前工作都绘出后，定位在这些紧前工作最后完工的时间刻度线上；某些工作的箭线长度无法直接与后面节点相连时，用波形线补足，箭头画在波形线与节点相连处。

ⅲ. 用上述方法自左向右依次确定各节点位置，直至网络计划终点节点定位为止。网络计划的终点节点是在无紧后工序的工作全部绘出后，定位在最晚完成的时标纵轴上。

在绘制时标网络计划时，特别需要注意的问题是处理好虚箭线。首先，应将虚箭线与实箭线等同看待，只是其对应工作的持续时间为零；其次，尽管它本身没有持续时间，但可能存在波形线。因此，要按规定画出波形线。

（3）时标网络计划中时间参数的判定

① 关键线路的判定。时标网络计划中的关键线路可从网络计划的终点节点开始，逆着箭线方向进行判定。凡自始至终不出现波形线的线路即为关键线路。因为不出现波形线，就说明在这条线路上相邻两项工作之间的时间间隔全部为零，也就是在计算工期等于计划工期的前提下，这些工作的总时差和自由时差全部为零。

② 计算工期的判定。网络计划的计算工期应等于终点节点所对应的时标值与起点节点所对应的时标值之差。

2.2.5 网络计划的优化

网络计划的优化是指在一定约束条件下，按既定目标对网络计划不断加以改进，以寻求满意方案的过程。

网络计划的优化目标应按计划任务的需要和条件选定，包括工期目标、费用目标和资源目标。根据优化目标的不同，网络计划的优化可分为工期优化、费用优化和资源优化三种。

2.2.5.1 工期优化

在网络计划中，完成任务的计划工期是否满足规定的要求是衡量编制计划是否达到预期目标的一个首要问题。工期优化就是以缩短工期为目标，对初始网络计划加以调整，使其满足规定。一般通过压缩关键工作的持续时间，从而使关键线路的线路时间即工期缩短。需要注意的是，在压缩关键线路的线路时间时，会使某些时差较小的次关键线路上升为关键线路，这时需要再次压缩新的关键线路，如此逐次逼近，直到达到规定工期为止。

（1）当计算工期不满足要求工期时，可通过压缩关键工作的持续时间满足工期要求。

（2）工期优化的计算应按下述步骤进行。

① 计算并找出初始网络计划的计算工期、关键线路及关键工作。

② 按要求工期计算应缩短的时间 ΔT。

$$\Delta T = T_c - T_r \qquad (2\text{-}10)$$

式中　T_c——网络计划的计算工期；

　　　T_r——要求工期。

③ 确定各关键工作能缩短的持续时间。

④ 选择关键工作，压缩其持续时间，并重新计算网络计划的计算工期。

⑤ 若计算工期仍超过要求工期，则重复以上步骤，直到满足工期要求或工期已不能再缩短为止。

⑥ 当所有关键工作的持续时间都已达到其能缩短的极限而工期仍不能满足要求时，应对计划的原技术、组织方案进行调整或对要求工期重新审定。

（3）选择应缩短持续时间的关键工作宜考虑下列因素。

① 缩短持续时间对质量和安全影响不大的工作。

② 缩短持续时间有充足备用资源的工作。

③ 缩短持续时间所需增加的费用最少的工作。

由于在优化过程中，不一定需要全部时间参数值，只需寻求出关键线路，为此介绍一种关键线路直接寻求法——标号法。根据计算节点最早时间的原理，设网络计划起始节点①的标号值为0，即 $b_1 = 0$；中间节点 j 的标号值等于该节点的所有内向工作（即指向该节点的工作）的开始节点 i 的标号值 b_i 与该工作的持续时间 D_{i-j} 之和的最大值，即

$$b_j = \max(b_i + D_{i-j})$$

我们称能求得最大值的节点 i 为节点 j 的源节点，将源节点及 b_j 标注于节点上，直至最后一个节点。从网络计划终点开始，自右向左按源节点寻求关键线路，终止节点的标号值即为网络计划的计算工期。

2.2.5.2　费用优化

费用优化一般是指费用-工期优化。在网络计划中，工期与费用的均衡是一个重要的问题，如何使计划以较短的工期和最少的费用完成，就必须研究时间和费用的关系，以寻求与最低费用相对应的最优工期方案或者按要求工期寻求最低费用的优化压缩方案。为了能从多种方案中找出总成本最低的方案，必须首先分析费用和时间之间的关系。

（1）费用与工期的关系

① 总费用与工期的关系。网络计划的总费用，有时也称为工程的总成本，由直接费用和间接费用组成，即

$$C = C_1 + C_2 \qquad\qquad (2\text{-}11)$$

式中　C——网络计划的总费用或总成本；

　　　C_1——网络计划（工程）直接费用；

　　　C_2——网络计划（工程）间接费用。

一般来说，缩短工期会引起直接费用的增加，间接费用的减少；延长工期会引起直接费用的减少，间接费用的增加。我们要求的是直接费用和间接费用总和最小，即总费用最小的工期为最优工期，如图 2-26 费用-工期曲线所示。图中 B 点为总费用最低的点，相应的工期 T_0 就是最优工期。

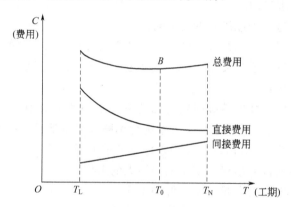

图 2-26　费用-工期曲线

T_L—最短工期；T_0—最优工期；T_N—正常工期

② 工作直接费用与持续时间的关系。工作的直接费用与持续时间之间的关系类似于工程直接费与工期之间的关系，工作的直接费用随着持续时间的缩短而增加，如图 2-27 曲线 1 所示。

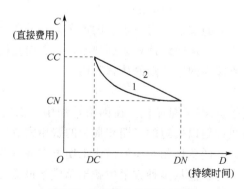

图 2-27　直接费用-持续时间曲线

为简化计算，工作的直接费用与持续时间之间的关系被近似地认为是一条直线关系。如图 2-27 曲线 2 所示，当工作的分部分项工程划分不是很粗时，其计算结果还是比较精确的。

（2）费用优化的步骤　要进行费用优化，应首先求出不同工期情况下对应的不同直接费用，然后考虑相应的间接费用的影响和工期变化带来的其他损益，最后，通过叠加，即可求得不同工期对应的不同总费用，从而找出总费用最低所对应的最优工期。其具体步骤如下。

① 按工作正常持续时间找出关键工作和关键线路。

② 计算各项工作的直接费用率。

工作的持续时间每缩短单位时间而增加的直接费用称为直接费用率。

a. 对双代号网络计划：

$$\Delta C_{i-j} = \frac{CC_{i-j} - CN_{i-j}}{DN_{i-j} - DC_{i-j}} \tag{2-12}$$

式中　ΔC_{i-j}——工作 $i-j$ 的直接费用率；

CC_{i-j}——将工作 $i-j$ 持续时间缩短为最短持续时间后，完成该工作所需的直接费用；

CN_{i-j}——在正常条件下完成工作 $i-j$ 所需的直接费用；

DN_{i-j}——工作 $i-j$ 的正常持续时间；

DC_{i-j}——工作 $i-j$ 的最短持续时间。

工作的直接费用率越大，说明将该工作的持续时间缩短一个时间单位，所需增加的直接费用就越多；反之，工作的直接费用率越小，将该工作的持续时间缩短一个时间单位，所需增加的直接费用就越少。

因此，在压缩关键工作的持续时间以达到缩短工期的目的时，应将直接费用率最小的关键工作作为压缩对象。

b. 对单代号网络计划：

$$\Delta C_i = \frac{CC_i - CN_i}{DN_i - DC_i} \tag{2-13}$$

式中　ΔC_i——工作 i 的费用率；

CC_i——将工作 i 持续时间缩短为最短持续时间后，完成该工作所需的直接费用；

CN_i——在正常条件下完成工作 i 所需的直接费用；

DN_i——工作 i 的正常持续时间；

DC_i——工作 i 的最短持续时间。

c. 在网络计划中找出费用率（或组合费用率）最低的一项关键工作或一组关键工作，作为缩短持续时间的对象。

d. 缩短找出的关键工作或一组关键工作的持续时间，其缩短值必须符合不能把关键工作压缩成非关键工作和缩短后其持续时间不小于最短持续时间的原则。

　　e. 计算相应增加的总费用。

　　f. 考虑工期变化带来的间接费用及其他损益，在此基础上计算总费用。

　　g. 重复步骤 c～f，直到总费用最低为止。

2.2.5.3　资源优化

　　资源是指为完成任务所需的人力、材料、机械设备及资金等的通称。虽然说，完成一项任务所需的资源量基本上是不变的，不可能通过资源的优化将其减少，但在许多情况下，由于受多种因素的制约，在一定时间内所能提供的各种资源量总是有一定限度的。即使资源能满足供应，也可能出现资源在一定时间内供应过分集中而造成现场拥挤，使管理工作变得复杂，而且还会增加二次搬运费和暂设工程量，造成工程的直接费用和间接费用的增加等不必要的经济损失。因此，就需要根据工期要求和资源的供需情况对网络计划进行调整，通过改变某些工作的开始和完成时间，使资源按时间的分布符合优化目标。

　　通常资源优化有两种不同的目标：一种是在资源供应有限制的条件下，寻求工期最短的计划方案，称为"资源有限，工期最短"的优化；另一种是在工期不变的情况下，力求资源消耗均衡，称为"工期固定，资源均衡"的优化。

2.2.6　网络计划的控制

　　利用网络计划对工程进度进行控制是网络计划技术的主要功能之一。任何一项计划在实施过程中，都会遇到各种各样的客观因素的影响，如工程变更或施工机械及材料未及时进场等都可能影响进度。因此，计划不变是相对的，改变才是绝对的。为了对计划进行有效的控制，就必须在计划执行过程中，进行定期检查和调整，这是使计划实现预期目标的基本保证。

2.2.6.1　网络计划的检查

　　（1）计划检查的周期及内容　网络计划检查应定期进行。检查周期的长短可根据计划工期的长短和管理的需要决定，一般可以天、周、月、季度等为周期。在计划执行过程中，突遇意外情况时，可进行应急检查，也可在必要时做特别检查。

　　网络计划检查的内容如下。

　　① 关键工作的进度。

　　② 非关键工作的进度及尚可利用的时差。

　　③ 实际进度对各项工作之间逻辑关系的影响。

　　④ 费用资料分析。

　　（2）计划检查的方法　检查计划时，首先必须收集网络计划的实际执行情况，并做记录。针对无时标网络计划，可通过计算工序的时间参数，再与实际执行情况做一比较，直接在图上用文字、数字、适当符号或列表记录计划实际执行情况。

当采用时标网络计划时，应绘制实际进度前锋线记录计划实际执行情况。

① 进度前锋线的概念。进度前锋线是指在原时标网络计划上，从检查时刻的时标出发，用点划线依次将各工作实际进展位置点连接而成的折线。

实际进度前锋线应自上而下地从计划检查的时间刻度出发，用直线段依次连接各项工作的实际进度前锋点，最后达到计划检查的时间刻度为止，形成折线。前锋线可用彩色线标出；不同检查时刻的相邻前锋线可采用不同颜色标出。利用已画出的实际进度前锋线，可以分析计划的执行情况以及发展趋势，对未来的进度情况做出预测判断，找出偏离计划目标的原因及可供挖掘的潜力所在。

② 进度前锋线的绘制。一般从时标网络计划图上方时间坐标的检查日期开始绘制，依次连接相邻工作的实际进展位置点，最后与时标网络计划图下方坐标的检查日期相连接。

③ 进度前锋线的作用。在进度检查过程中形象地表明工程的实际进度状况，为调整进度计划提供正确的结果。

若进度前锋点在计划的左侧，说明实际进度比计划拖延；若进度前锋点在计划的右侧，说明实际进度比计划提前；若进度前锋点与检查时刻的时间坐标相同，说明实际进度与计划进度一致。

2.2.6.2 网络计划的调整

对网络计划进行检查之后，通过对检查结果的分析可以看出各工作对于进度计划工期的影响。此时，根据工程实际情况，对网络计划进行适当的调整，使之随时适应变化后的新情况，使计划按期或提前完成。

网络计划调整时间一般应与网络计划的检查时间相一致，或定期调整，或作应急调整，一般以定期调整为主。

网络计划的调整是一种动态调整，即计划在实施过程中，要根据情况的不断变化进行及时调整，调整主要包括下列内容。

（1）关键线路长度的调整 关键线路长度的调整方法可针对以下不同情况分别选用。

① 对关键线路的实际进度比计划进度提前的情况，当不拟定提前工期时，应选择资源占用量大或直接费用高的后续关键工作，适当延长其持续时间，从而降低资源强度或费用；当拟定要提前完成计划时，则应将未完成的部分作为一个新的计划，重新确定关键工作的持续时间，并按新计划实施。

② 对关键线路的实际进度比计划进度延误的情况，应在未完成的关键工作中，选择资源强度小或费用低的，缩短其持续时间，并把计划的未完成部分作为一个新的计划，按工期优化的方法进行调整。

（2）非关键工作时差的调整 非关键工作时差的调整应在其时差范围内进行。每次调整均必须重新计算时间参数，观察该调整对计划全局的影响。调整方法可采用下列方法。

① 将工作在其最早开始时间与最迟完成时间范围内移动。

② 延长工作持续时间。

③ 缩短工作持续时间。

（3）增减工作项目　增减工作项目时应符合下列规定。

① 不打乱原网络计划的逻辑关系，只对局部逻辑关系进行调整。

② 重新计算时间参数，分析对原网络计划的影响。当对工期有影响时，应采取措施，保证计划工期不变。

（4）调整逻辑关系　逻辑关系的调整只有当实际情况要求改变施工方法或组织方法时才可进行。调整时应避免影响原定计划工期和其他工作顺利进行。

（5）重新估计某些工作持续时间　当发现某些工作的原持续时间有误或实现条件不充分时，应重新估算其持续时间，并重新计算时间参数。

（6）对资源的投入做相应调整　当资源供应发生异常时，应采用资源优化方法对计划进行调整或采取应急措施，使其对工期的影响最小。

网络计划的调整，可定期或根据计划检查结果在必要时进行。

最后需要强调的是，网络计划是一种动态控制，是主动控制和被动控制相结合的控制。所谓主动控制，也叫作事前控制，就是预先分析影响计划目标实现的各种不利因素，提前拟订和采取各项预防性措施，以使计划目标得以实现。被动控制，也叫作事后控制，就是在网络计划实施过程中，随时检查进度，分析偏差，进行调整，然后按调整后的网络计划指导施工。

两种控制，即主动控制和被动控制，对计划管理人员来说，缺一不可。它们都是使计划按期完工的必须采用的控制方式。

Chapter
3

园林工程施工组织设计

3.1 施工组织设计的分类和原则

3.1.1 施工组织设计的作用

园林工程施工组织设计是以园林工程为对象编写的用来指导工程施工的技术性文件。其核心内容是如何科学合理地安排好劳动力、材料、设备、资金和施工方法这五个主要的施工因素。根据园林工程的特点和要求，以先进的、科学的施工方法与组织手段使人力和物力、时间和空间、技术和经济、计划和组织等诸多因素合理化配置，从而保证施工任务依质量要求按时完成。其主要作用如下所述。

（1）合理的施工组织设计，体现了园林工程的特点，对现场施工具有实践指导作用。

（2）能够按事先设计好的程序组织施工，能保证正常的施工秩序。

（3）能及时做好施工前准备工作，并能按施工进度搞好材料、机具、劳动力资源配置。

（4）使施工管理人员明确工作职责，充分发挥主观能动性。

（5）能很好协调各方面的关系，解决施工过程中出现的各种情况，使现场施工保持协调、均衡、文明。

3.1.2　施工组织设计的分类

园林建设项目具有面广、量大，涉及专业门类较多，新技术、新工艺、新材料、新设备应用比较超前之特点，与其他行业相比有其独特性。在实际工作中，根据需要，园林工程施工组织设计一般可分投标前施工组织设计和中标后施工组织设计两大类。

投标前施工组织设计是作为编制投标书的依据，是按照招标文件的要求编写的大纲型文件，追求的是中标和经济效益，主要反映企业的竞争优势。中标后施工组织设计根据设计阶段，编制广度、深度和具体作用的不同，一般可分为园林工程施工组织总设计、单项园林工程施工组织设计和分部（分项）园林工程施工组织设计（作业设计）三种，其追求的是施工效率和经济效益。

（1）施工组织总设计　施工组织总设计是以建设项目为编制对象，在有了批准的初步设计或扩大初步设计之后方可进行编制，目的是对整个工程施工进行通盘考虑，全面规划。一般应以主持该项目的总承建单位为主，有建设、设计和分包单位参加，共同编制。重点解决施工期限、施工顺序、施工方法、临时设施、材料设备以及施工现场总平面布置等关键内容。它是建设项目的总的战略部署，用以指导全现场性的施工准备和有计划地运用施工力量，开展施工活动。

（2）单项园林工程施工组织设计　它是以单位工程为编制对象，用以直接指导单位工程施工。在施工组织总设计的指导下，由直接组织施工的单位根据施工图设计进行单位工程施工组织编制，并作为施工单位编制分部作业和月、旬施工计划的依据。其编制的重点包括：工程概况和施工条件，施工方案与施工方法，施工进度计划，劳动力与其他资源配置，施工现场平面布置以及施工技术措施和主要技术经济指标、施工质量、安全及文明施工、劳动保护措施等。

（3）分部（分项）园林工程作业设计　对于工程规模大、技术复杂或施工难度大的以及缺乏施工经验的分部（分项）工程，在编制单位工程施工组织设计之后，需要编制作业设计用以指导施工。它所阐述的施工方法、施工进度、施工措施、技术要求等更详尽具体，例如园林喷水池防水工程、瀑布落水口工程、特殊健身路铺装、大型假山叠石工程、大型土方回填造型工程等。

施工组织设计的编制对施工的指导是卓有成效的，必须坚决执行，但是，在编制上必须符合客观实际，在施工过程中，由于某些因素的改变，必须及时调整，以求施工组织的科学性、合理性，减少不必要的浪费。

3.1.3　施工组织设计的组成

园林工程施工组织设计是应用于园林工程施工中的科学管理手段之一，是长期工程建设中实践经验的总结，是组织现场施工的基本文件和法定性文件。一般由五部分组成。

（1）叙述园林工程项目的设计要求和特点，使其成为指导施工组织设计的指导思想，贯穿于全部施工组织设计之中。

（2）充分结合施工企业和施工现场场地的条件，拟订出合理的施工方案。在方案中必须明确施工顺序、施工进度、施工方法、劳动组织及必要的技术措施等内容。

（3）在确定了施工方案后，按方案中的施工进度做好材料、机械、工具及劳动力等资源的配置。

（4）根据场地实际情况，布置临时设施、材料堆置及进场实施方法和路线等。

（5）组织设计出协调好各方面关系的方法和要求，统筹安排好各个施工环节中的连接，提出应做好的必要准备和及时采取的相应措施，以确保工程施工的顺利进行。

3.1.4　施工组织设计的原则

（1）依照国家政策、法规和工程承包合同施工　与工程项目相关的国家政策、法规对施工组织设计的编制有很大的指导意义。因此，在实际编制中要分析这些政策对工程有哪些积极影响，并要遵守哪些法规，如合同法、环境保护法、森林法、园林绿化管理条例等。建设工程施工承包合同是符合合同法的专业性合同，明确了双方的权利义务，在编制时要予以特别重视。

（2）符合园林工程的特点，体现园林综合艺术　园林工程大多是综合性工程，并具有随着时间的推移其艺术特色才慢慢发挥和体现的特点。因此，组织设计的制订要密切配合设计图纸，要符合原设计要求，不得随意更改设计内容。同时还应对施工中可能出现的其他情况拟订防范措施。只有吃透图纸，熟识造园手法，采取针对性措施，编制出的施工组织设计才能符合施工要求。

（3）采用先进的施工技术和管理方法，选择合理的施工方案　园林工程施工中，要提高劳动生产率、缩短工期、保证工程质量、降低施工成本，减少损耗，关键是采用先进的施工技术、合理选择施工方案以及利用科学的组织方法。因此，应视工程的实际情况、现有的技术力量、经济条件，吸纳先进的施工技术。目前园林工程建设中采用的先进技术多应用于设计和材料等方面。这些新材料、新技术的选择要切合实际，不得生搬硬套，要以获得最优指标为目的，做到施工组织在技术上是先进的，经济上是合理的，操作上是安全可行的，指标上是优质高标准的。

要注意在不同的施工条件下拟订不同的施工方案，努力达到"五优"标准，即所选择的施工方法和施工机械最优，施工进度和施工成本最优，劳动资源组织最优，施工现场调度组织最优和施工现场平面最优。

（4）周密而合理的施工计划、加强成本核算，做到均衡施工的原则　施工计划产生于施工方案确定后，是根据工程特点和要求安排的，是施工组织设计中极其重要的组成部分。施工计划安排得好，能加快施工进度，保证工程质量，有利于各项施工环节的把关，消除窝工、停工等现象。

周密而合理的施工计划，应注意施工顺序的安排，避免工序重复或交叉。要按施工规律配置工程时间和空间上的次序，做到相互促进、紧密搭接；施工方式上可视实际需要适当组织交叉施工或平行施工，以加快速度；编制方法要注意应用横道流水作业和网络计划技术；要考虑施工的季节性，特别是雨季或冬季的施工条件；计划中还要正确反映临时设施设置及各种物资材料、设备的供应情况，以节约为原则，充分利用固有设施，减少临时性设施的投入；正确合理的经济核算，强化成本意识。所有这些都是为了保证施工计划的合理有效，使施工保持连续均衡。

（5）采取切实可行的措施，确保施工质量和施工安全，重视工程收尾工作，提高工效　工程质量是决定建设项目成败的关键指标，也是施工企业参与市场竞争的根本。而施工质量直接影响工程质量，必须引起高度重视。施工组织设计中应针对工程的实际情况制订出质量保证措施，推行全面质量管理，建立工程质量检查体系。

"安全为了生产，生产必须安全"。保证施工安全和加强劳动保护是现代施工企业管理的基本原则，施工中必须贯彻"安全第一"的方针。要制订出施工安全操作规程和注意事项，搞好安全培训教育，加强施工安全检察，配备必要的安全设施，做到万无一失。

工程的收尾工作是施工管理的重要环节，但往往未被充分重视，使收尾工作不能及时完成，这实际上会导致资金积压、增加成本、造成浪费。因此，要重视后期收尾工程，尽快竣工验收交付使用。

3.2 施工组织总设计

3.2.1 施工部署及主要方法

施工部署是用文字来阐述基建施工对整个建设的设想，因此是带有全局性的战略意图，为施工组织总设计的核心。主要施工方法是对一些单位（子单位）工程和主要分部（分项）工程所采用的施工制订合理的方案。

3.2.1.1 施工部署

施工部署是对项目实施过程做出的统筹规划和全面安排，包括项目施工主要目标、施工顺序及空间组织、施工组织安排等。施工部署是施工组织设计的纲领性内容，施工进度计划、施工准备与资源配置计划、施工方法、施工现场平面布置和主要施工管理计划等施工组织设计的组成内容都应该围绕施工部署的原则编制。

施工部署的正确与否，是直接决定建设项目的进度、质量和成本三大目标能否顺利实现的关键。往往由于施工部署、施工方案考虑不周而拖延进度，影响质量，增加成本。

施工组织总设计中的施工总进度计划、施工总平面图以及各种供应计划等都是按照施工部署的设想，通过一定的计算，用图表的方式表达出来的。也就是说，施工总进度计划是施工部署在时间上的体现，而施工总平面图则是施工部署在空间方面的体现。

施工部署中应根据建设工程的性质、规模和客观条件的不同，从以下几个方面考虑。

（1）施工组织总设计应对项目总体施工做出宏观部署

① 确定项目施工总目标，包括进度、质量、安全、环境和成本目标。明确建设项目的总成本、总工期和总质量等级，以及每个单项工程的施工成本、工期和工程质量等级要求，安全文明施工和现场施工环境的要求。这是总施工部署的前提，施工计划的制订和优化，就是以建设项目的总目标为依据的。

② 根据项目施工总目标的要求，确定项目分阶段（期）交付的计划。建设项目通常是由若干个相对独立的投产或交付使用的子系统组成，如大型工业项目有主体生产系统、辅助生产系统和附属生产系统之分；住宅小区有居住建筑、服务性建筑和附属性建筑之分。可以根据项目施工总目标的要求，将建设项目划分为分期（分批）投产或交付使用的独立交工系统。在保证工期的前提下，实行分期分批建设，既可使各具体项目迅速建成，尽早投入使用，也可在全局上实现施工的连续性和均衡性，减少暂设工程数量，降低工程成本。

为了充分发挥工程建设投资的效果，对于大中型建设项目，一般在保证工期的前提下，根据生产工艺、建设单位的要求，结合工程规模的大小，施工的难易程度，资金与技术资源的情况，由建设单位和施工单位共同研究确定，进行分期分批的建设。对于小型的建设项目或大型建设项目中的某个系统，由于工期较短或工艺要求，可采用一次性建设。

③ 确定项目分阶段（期）施工的合理顺序及空间组织。根据上述确定的项目分阶段（期）交付计划，合理地确定每个单位工程的开竣工时间，划分各参与施工单位的工作任务，明确各单位之间分工与协作的关系，确定综合的和专业化的施工组织，保证先后投产或交付使用的系统都能够正常运行。

要统筹安排各类项目施工，保证重点，兼顾其他，确保工程项目按期完成。工程项目的施工顺序一般是按照先地下、后地上，先深后浅，先干线后支线的原则进行安排的，如先铺设管线，再铺道路。同时还要考虑季节对施工的影响，如土方工程要避开雨季，种植工程尽可能选择春秋季节等。

一般优先考虑的项目如下。

a. 按生产工艺要求，需先期投入使用或起主导作用的工程项目。

b. 工程量大，施工难度大，需要工期长的项目。

c. 运输系统、动力系统等。

d. 供施工使用的工程项目，如各类加工厂、为施工服务的临时设施。

e. 先期需要使用的设施。

（2）对于项目施工的重点和难点应进行简要分析　对于工程中的工程量大、施工难度大、工期长、在整个建设项目中起关键作用的单位工程项目以及影响全局的特殊分项工程，要拟订其施工方案。其目的是为了进行技术和资源的准备工作，同时也是为了施工进程的顺利和现场的合理布局，主要包括以下内容。

① 施工方法：要求兼顾技术先进性和紧急合理性。

② 工程量：对资源的合理安排。

③ 施工工艺流程：要求兼顾各工种各施工段的合理搭接。

④ 施工机械设备：能使主导机械满足工程需要，又能发挥其效能，使各大型机械在各工程上进行综合流水作业。

（3）总承包单位应明确项目管理组织机构形式，并宜采用框图的形式表示　项目管理组织机构形式应根据施工项目的规模、复杂程度、专业特点、人员素质和地域范围确定。大中型项目一般设置矩阵式项目管理组织，远离企业管理层的大中型项目一般设置事业部式项目管理组织，小型项目一般设置直线职能式项目管理组织。

明确建设施工项目的机构、体制，建立施工现场统一的指挥系统及其职能部门，确定综合的和专业化的施工组织，划分施工阶段，划分各参与施工单位的任务，明确各单位分期分批的主次项目和穿插项目。

（4）部署项目施工中开发和使用的新技术、新工艺等　根据现有的施工技术水平和管理水平，对项目施工中开发和使用的新技术、新工艺应做出规划并采取可行的技术、管理措施来满足工期和质量等要求。编制新技术、新材料、新工艺、新结构等的试制试验计划和职工技术培训计划。

（5）对主要分包项目施工单位的资质和能力应提出明确要求。

3.2.1.2　主要施工方法

施工组织总设计要制订一些单位（子单位）工程和主要分部（分项）工程所采用的施工方法，这些工程通常是建筑工程中工程量大、施工难度大、工期长，对整个项目的完成起关键作用的建（构）筑物以及影响全局的主要分部（分项）工程。尤其对脚手架工程、起重吊装工程、临时用水用电工程、季节性施工等专项工程所采用的施工方法应进行简要说明。在施工组织总设计中，施工方案一般是由总承包单位编制的。由于施工组织总设计是指导施工的全局性的文件，因此包含重大单项工程的主要施工方案以及技术关键，可作为单位工程以及分部分项工程施工方案编制的依据。

制订主要工程项目施工方法的目的是为了进行技术和资源的准备工作，同时也为了施工进程的顺利开展和现场的合理布置，对施工方法的确定要兼顾技术工艺的先进性和可操作性以及经济上的合理性。

（1）制订施工方法的要求　在确定施工方法的时候应结合建设项目的特点和

当地施工习惯，尽可能地采用先进的、可行的工业化、机械化的施工方法。

① 工业化施工。按照工厂预制和现场预制相结合的方针，逐步提高建筑工业化程度的原则，因地制宜，妥善安排钢筋混凝土构件生产及其制品加工、混凝土搅拌、金属构件加工、机械修理和砂石等的生产与堆放。经分析比较选定预制方法，并编制预制构件的加工计划。

② 机械化施工。要充分利用现有的机械设备，努力扩大机械化施工的范围，制订可配套和改造更新的规划，增添新型高效能的机械，坚持大中小型机械相结合的原则，以提高机械化施工的生产效率。在安排和选用机械时，应注意以下几点。

a. 主导施工机械的型号和性能要既能满足施工的需要，又能发挥其生产效率。

b. 辅助配套施工机械的性能和生产效率要与主导施工机械相适应。

c. 尽可能使机械在几个项目中进行流水施工，以减少机械的装、拆、运的时间。

d. 在工程量大而集中时，应选用大型固定的机械；在施工面大而分散时，应选用移动灵活的机械。

（2）施工方法的主要内容　现代化施工方法的选择与优化必须以施工质量、进度和成本的控制为主要目标。根据项目施工图纸、项目承包合同和施工部署要求，分别选择主要景区、景点的绿化，建筑物和构筑物的施工方案。施工方法的基本内容包括施工流向、施工顺序、施工方法和施工机械的选择以及施工措施。

其中施工流向是指施工活动在空间的展开与进程；施工顺序是指分部工程（或专业工程）以及分项工程（或工序）在时间上张开的先后顺序；施工方法和施工机械的选择要受结构形式和建筑的特征制约；施工措施是指在施工时所采取的技术指导思想、施工方法以及重要的技术措施等。

3.2.2　施工总进度计划

施工总进度计划是根据建设项目的综合计划要求和施工条件，以拟建工程的交付使用时间为目标，按照合理的施工顺序和日程安排的工程施工计划。施工进度计划是施工组织设计中的主要内容，也是现场施工管理的中心内容。如果施工进度计划编制得不合理，将导致人力、物力运用的不均衡，延误工期，甚至还会影响工程质量和施工安全。因此，正确的编制施工总进度计划是保证各项工程以及整个建设项目按期交付使用、充分发挥投资效果、降低建筑工程成本的重要条件。

施工总进度计划的编制是根据施工部署对各项工程的施工做出时间上的安排。施工总进度计划的作用在于确定各单位工程、准备工程和全工地性工程的施工期限及其开竣工日期，确定各项工程施工的衔接关系。从而确定建设工地上的劳动力、材料、物资的需要量和调配情况；仓库和堆场的面积；供水、供电和其他动力的数量等。根据合理安排施工顺序，保证劳动力、物资、资金消耗量最少的情况下，并且采用合理施工组织方法，使建设项目施工连续、均衡，保证按期完成施工任务。施工总进度计划的编制步骤如下。

3.2.2.1 计算各单位工程以及全工地性工程的工程量

按初步设计（或扩大初步设计）图纸并根据定额手册或有关资料计算工程量。并将计算出的工程量填入统一的工程量汇总表中。

3.2.2.2 确定各单位工程的施工期限

各施工单位的机械化程度、施工技术和施工管理的水平、劳动力和材料供应情况等有很大差别。因此，应根据各施工单位的具体条件，考虑绿地的类型和特征、土壤条件、面积大小和现场环境等因素加以确定。

此外，也可参考有关的工期定额来确定各单位工程的施工期限。工期定额是根据我国有关部门多年来的建设经验，在调查统计的基础上，经分析对比后制订的，是签订承发包合同和确定工期目标的依据。

3.2.2.3 确定各单位工程的开、竣工时间和相互衔接关系

一般施工部署中已确定了总的施工程序、各生产系统的控制期限与搭接时间，但对每一单位工程具体在何时开工、何时完工，尚未具体确定。安排各单位工程的开竣工时间和衔接关系时，应考虑下列因素。

（1）根据施工总体方案的要求分期分批安排施工项目，保证重点，兼顾一般 在安排进度时，要分清主次，抓住重点，同一时期开工的项目不宜过多，以免分散有限的人力、物力。

（2）避免施工出现突出的高峰和低谷，力求做到连续、均衡的施工要求 安排进度时，应考虑在工程项目之间组织大流水施工，使各工种施工人员、施工机械在全工地内连续施工，同时使劳动力、施工机具和物资消耗量在全工地上达到均衡，以利于劳动力的调度和原材料供应。另外，宜确定适量的调剂工程项目，穿插在主要项目的流水中，以便在保证重点工程项目的前提下更好地实现均衡施工。

（3）在确定各工程项目的施工顺序时，全面考虑各种条件限制 如施工企业的施工力量，各种原材料、构件、设备的到货情况，设计单位提供图纸的时间，各年度建设投资数量等。充分估计这些情况，以使每个施工项目的施工准备、土建施工、种植工程的时间能合理衔接。同时，由于园林绿化工程施工受季节、环境影响较大，因此经常会对某些项目的施工时间提出具体要求，从而对施工的时间和顺序安排产生影响。

3.2.2.4 编制施工总进度计划

施工总进度计划的主要作用是控制各单位工程工期的范围，因此，计划不宜划分得过细。首先根据各施工项目的工期与搭接时间，编制初步进度计划；其次按照流水施工与综合平衡的要求，调整进度计划；最后绘制施工总进度计划（表3-1）。

表 3-1　施工总进度计划

序号	工程名称	建筑指标		设备安装指标	工程造价	施工天数	进度计划							
		单位	数量				第一年(季)				第二年(季)			

3.2.2.5 总进度计划的调整与修正

施工总进度计划绘制完成后，需要检查各单位工程的施工时间和施工顺序是否合理，总工期是否满足规定要求，劳动力、材料及设备供应是否均衡等。

将同一时期的各项工程的工作量加在一起，画出建设项目资源需要量动态曲线，来调整和修正一些单位工程的施工速度和开工时间，尽量使各个时期的资源需求量达到均衡。

同时在工程实施的过程中，应随施工的进展，及时地调整施工进度计划。如果是跨年度的项目，还应根据国家的年度基本建设投资或建设单位的投资情况加以调整。

施工进度计划的实现离不开管理上和技术上的具体措施。另外，在工程施工进度计划执行过程中，由于各方面条件的变化经常使实际进度脱离原计划，这就需要施工管理者随时掌握工程施工进度，检查和分析进度计划的实施情况，及时进行必要的调整，保证施工进度总目标的完成。

3.2.3 施工总平面图设计

施工总平面图表示全工地在施工期间所需各项设施和永久性建筑（已建的和拟建的）之间在空间上的合理布局。它是在拟建项目施工场地范围内，按照施工部署和施工总进度计划的要求，对施工现场的道路交通、材料仓库或堆场、现场加工厂、临时房屋、临时水电管线等做出合理的规划与布置。其作用是用来正确处理全工地在施工期间所需各项设施和永久建筑物之间的空间关系，指导现场施工部署的行动方案，对于指导现场进行有组织有计划的文明施工具有重大的意义。施工过程是一个变化的过程，工地上的实际情况随时在变，因此施工总平面图也应随之做必要的修改。

3.2.3.1 设计施工总平面图所需的资料

（1）设计资料。包括建筑总平面图、竖向设计、地形图、区域规划图，建设项目范围内的一切已有的和拟建的地下管网位置等。

（2）建设地区的自然条件和技术经济条件。

（3）施工部署、主要项目施工方法和施工总进度计划。

（4）各种材料、构件、半成品、施工机械设备的需要量计划、供货与运输方式。

（5）各种生产、生活用临时房屋的类别、数量等。

3.2.3.2 施工总平面设计的原则

施工总平面设计的总原则是：平面紧凑合理，方便施工流程，运输方便流畅，降低临时设施费用，便于生产生活，保护生态环境，保证安全可靠。其具体内容如下。

（1）平面布置科学合理，施工场地占用面积少 在保证施工顺利进行的前提下，尽量少占、缓占农田，根据建设工程分期分批施工的情况，可考虑分阶段征用土地。要尽量利用荒地，少占良田，使平面布置紧凑合理。

（2）合理组织运输，减少二次搬运 材料和半成品等仓库的位置尽量布置在使用地点附近，以减少工地内部的搬运，保证运输方便通畅，减少运输费用。这也是衡量施工总平面图好坏的重要标准。

（3）施工区域的划分和场地的临时占用 应符合总体施工部署和施工流程的要求，减少相互干扰，合理划分施工区域和存放区域，减少各工程之间和各专业工种之间的相互干扰，充分调配人力、物力和场地，保持施工均衡、连续、有序。

（4）充分利用既有建（构）筑物和既有设施为项目施工服务，降低临时设施的建造费用 在满足施工顺利进行的前提下，尽量利用可供施工使用的设施和拟建永久性建筑设施，临时建筑尽量采用拆移式结构，以减少临时工程的费用。

（5）临时设施应方便生产和生活，办公区、生活区和生产区宜分离设置 办公区、生产区与生活区应适当分开，避免相互干扰，各种生产生活设施应便于使用，方便工人的生产和生活，使工人往返现场的时间最少。

（6）符合节能、环保、安全和消防等要求 遵守节能、环境保护条例的要求，保护施工现场和周围的环境，如能保留的树木应尽量保留，对文物及有价值的物品应采取保护措施，避免污染环境，尤其是周围的水源不应造成污染。遵循劳动保护、技术安全和防火要求，尤其要避免出现人身安全事故。

（7）遵守当地主管部门和建设单位关于施工现场安全文明施工的相关规定 遵守国家、施工所在地政府的相关规定，垃圾、废土、废料、废水不随便乱堆、乱放、乱泄等，做到文明施工。

3.2.3.3 施工总平面图设计的内容

施工总平面布置应按照项目分期（分批）施工计划进行布置，并绘制总平面布置图。一些特殊的内容，如现场临时用总电、临时用水布置等。

施工总平面布置图应包括下列内容。

（1）项目施工用地范围内的地形状况。

（2）全部拟建的建（构）筑物和其他基础设施的位置。

（3）项目施工用地范围内的加工设施、运输设施、存储设施、供电设施、供水供热设施、排水排污设施、临时施工道路和办公、生活用房等。

（4）施工现场必备的安全、消防、保卫和环境保护等设施。

（5）相邻的地上、地下既有建（构）筑物及相关环境。

3.2.3.4 施工总平面图设计的要求

施工总平面图应按照规定的图例绘制，图幅一般可选用1～2号大小的图样，比例尺一般为1：（2000～1000）。平面布置图绘制应有比例关系，各种临设应标注外围尺寸，并应有文字说明。现场所有设施、用房应由总平面布置图表述，避免采用文字叙述的方式。

施工总平面布置图应符合下列要求。

（1）根据项目总体施工部署，绘制现场不同施工阶段（期）的总平面布置图。

（2）施工总平面布置图的绘制应符合国家相关标准要求并附必要说明。

3.2.3.5　施工总平面图的设计步骤

（1）运输线路的布置　设计全工地性的施工总平面图，首先应解决大宗材料进入工地的运输方式。一般材料主要采用铁路运输、水路运输和公路运输三种运输方式，应根据不同的运输方式综合考虑。

一般场地都有永久性道路，可提前修建为工程服务，但要确定好起点和进场的位置，考虑转弯半径和坡度的限制，有利于施工场地的利用。

（2）仓库和堆场的布置　通常考虑设置在运输方便、位置适中、运距较短且安全防火的地方，同时还应区别不同材料、设备的运输方式来设置。一般的，仓库和堆场的布置应接近使用地点，装卸时间长的仓库应远离路边，苗木假植地宜靠近水源及道路旁，油库、氧气库等布置在相对僻静、安全的地方。

（3）加工厂的布置　加工厂一般包括混凝土搅拌站、构件预制厂、钢筋加工厂、木材加工厂、金属结构加工厂等。各家工厂的布置应以方便生产、安全防火、环境保护和运输费用最少为原则。通常加工厂宜集中布置在工地边缘处，并将其与相应仓库或堆场布置在同一地区，既方便管理简化供应工作，又降低铺设道路管线的费用。如锯材、成材、粗细木工加工车间和成品堆场要按工艺流程布置，一般应设在施工区的下风向边缘区。

（4）内部运输道路的布置　根据各加工厂、仓库及各施工对象的相对位置，对货物周转运行图进行反复研究，区分主要道路和次要道路，进行道路的整体规划，以保证运输畅通，车辆行驶安全，降低成本。具体应考虑以下几点。

① 尽量利用拟建的永久性道路。提前修建，或先修路基，铺设简易路面，项目完成后再铺设路面。

② 场内道路要把仓库、加工厂、仓库堆场和施工点贯穿起来。临时道路应根据运输的情况、运输工具的不同，采用不同的结构。一般临时性的道路为土路、砂石或焦渣路，道路的末端要设置回车场。

③ 保证运输的畅通。道路应设置两个以上的进出口，避免与铁路交叉，一般场内主干道应设置成环形，主干道为双车道，宽度不小于 6m，次干道为单车道，宽度不小于 3m。

④ 合理规划拟建道路与地下管网的施工顺序。在修建拟建永久性道路时，应考虑道路下面的地下管网，避免重复开挖，一次到位，降低成本。

（5）消防要求　根据防火要求，应设立消防站，一般设置在易燃建筑物（木材、仓库等）附近，要有通畅的出口和消防通道，宽度不能小于 6m，与拟建房屋的距离不得大于 25m，不得小于 5m。沿道路布置消火栓时，其间距不得大于 120m，和路边的距离不得大于 2m。

（6）临时设施的布置　在工程建设施工期间，必须为施工人员修建一定数量的供行政管理和生活福利使用的建筑，临时建筑的设计，应遵循经济、适用、装拆方便的原则，并根据当地的气候条件、工期长短确定建筑结构形式。

① 各种行政和生活用房应尽量利用建设单位的生活基地或现场附近的其他永久性建筑，不足部分再考虑另行修建，修建时尽可能利用活动房屋。

② 全工地行政管理用房宜设在现场入口处，以方便接待外来人员。现场施工办公室应靠近施工地点。

③ 职工宿舍和文化生活福利用房，一般设在场外，距工地 500～1000m 为宜，并避免设在低洼潮湿、有灰尘和有害健康的地带。对于生活福利设施，如商店、小卖部等应设在生活区或职工上下班路过的地方。

④ 食堂一般布置在生活区，或工地与生活区之间。

（7）水电管线和动力设施的布置　应尽可能利用已有的和提前修建的永久线路，这是最经济的方案。若必须设置临时线路，则应取最短线路。

① 临时变电站应设在高压线进入工地处，避免高压线穿过工地。

② 临时水池、水塔应设在用水中心和地势较高处。管网一般沿道路布置，供电线路避免与其他管道设在同一侧，主要供水、供电管线采用环状布置。

③ 过冬的临时水管须埋在冰冻线以下或采取保温设施。

④ 排水沟沿道路布置，纵坡不小于 0.2%，过路处须设涵管，在山地建设时应有防洪设施。

⑤ 消防站一般布置在工地的出入口附近，并沿道路设置消防栓。消防栓间距不大于 120m，距拟建房屋不小于 5m，不大于 25m，距路边大于 2m。

⑥ 各种管道布置的最小净距应符合规定。

⑦ 在出入口设置门岗，工地四周设立若干瞭望台。

总之，各项设施的布置都应相互结合，统一考虑，协调配合，经全面综合考虑，选择最佳方案，绘制施工总平面图。

3.2.3.6 施工总平面图的科学管理

施工总平面图能保证合理使用场地，保证施工现场的交通、给排水、电力通信畅通；保证有良好的施工秩序；保证按时按质完成施工生产任务，文明施工。因此，对于施工总平面图要严格管理，保证施工总平面图对施工的指导作用，可采取以下措施进行管理。

（1）建立统一的管理制度，明确管理任务，分层管理，责任到人。

（2）管理好临时设施、水电、道路位置、材料仓库堆场，做好各项临时设施的维护。

（3）严格按施工总平面图堆放材料、机具，不乱占地、擅自动迁建筑物或水电线路，做到文明施工。

（4）实行施工总平面的动态管理，定期检查和督促，修正不合理的部分，奖优罚劣，协调各方的关系。

3.3 施工组织设计的编制

3.3.1 施工组织设计编制的依据

园林工程施工组织是一项复杂的系统工程，编制时要考虑多方面因素，方能完成。不同的组织设计其主要依据不同。分为园林工程建设项目施工总设计编制依据和园林单项工程施工组织设计编制依据。

3.3.1.1 园林工程建设项目施工总设计编制依据

（1）园林建设项目基础文件

① 建设项目可行性研究报告及批准文件。

② 建设项目规划红线范围和用地批准文件。

③ 建设项目勘查设计任务书、图纸和说明书。

④ 建设项目初步设计或技术设计批准文件以及设计图纸和说明书。

⑤ 建设项目总概算或设计总概算。

⑥ 建设项目施工招标文件和工程承包合同文件。

（2）工程建设政策、法规和规范资料

① 关于工程建设报建程序有关规定。

② 关于动迁工作有关规定。

③ 关于园林工程项目实行施工监理有关规定。

④ 关于园林建设管理机构资质管理的有关规定。

⑤ 关于工程造价管理有关规定。

⑥ 关于工程设计、施工和验收有关规定。

（3）建设地区原始调查资料

① 地区气象资料。

② 工程地形、工程地质和水文地质资料。

③ 土地利用情况。

④ 地区交通运输能力和价格资料。

⑤ 地区绿化材料、建筑材料、构配件和半成品供应情况资料。

⑥ 地区供水、供电、供热和电信能力和价格资料。

⑦ 地区园林施工企业状况资料。

⑧ 施工现场地上、地下的现状，如水、电、电信、煤气管线等状况。

（4）类似施工项目经验资料

① 类似施工项目成本控制资料。

② 类似施工项目工期控制资料。

③ 类似施工项目质量控制资料。

④ 类似施工项目技术新成果资料。

⑤ 类似施工项目管理新经验资料。

3.3.1.2　园林单项工程施工组织设计编制依据

园林单项工程施工组织设计编制依据如下。

(1) 单项工程全部施工图纸及相关标准图。

(2) 单项工程地质勘查报告、地形图和工程测量控制网。

(3) 单项工程预算文件和资料。

(4) 建设项目施工组织总设计对本工程的工期、质量和成本控制的目标要求。

(5) 承包单位年度施工计划对本工程开竣工的时间要求。

(6) 有关国家方针、政策、规范、规程和工程预算定额。

(7) 类似工程施工经验和技术新成果。

3.3.2　施工组织设计编制的方法

单位工程施工组织设计的内容为：工程概况，施工技术方案，施工进度计划，劳动力及其他物资需用量计划，施工准备工作计划，施工技术组织措施，施工平面图，主要技术经济指标等。其编制方法、要点如下。

3.3.2.1　工程概况

对工程内容应进行分析，找出施工中的关键问题，为做好施工准备、物资供应工作和选择施工技术方案创造条件。

(1) 工程概述　主要说明工程名称、地点，建设单位、设计单位、施工单位名称，工程规模或投资额，施工日期，合同内容等。

(2) 工程特点　阐述工程的性质；主要建筑物、假山、水池和施工工艺要求，特别是对采用新材料、新工艺或施工技术要求高、难度大的项目应突出说明。

(3) 工程地区特征　说明工程地点的位置、地形和主导风向、风力；地下水位、水质及气温；雨季时间、冰冻期时间与冻结层深度等有关资料。

(4) 施工条件　说明施工现场供水供电、道路交通、场地平整和障碍物迁移情况；主要材料、设备的供应情况；施工单位的劳动力、机械设备情况和施工技术、管理水平，现场临时设施的解决方法等。

3.3.2.2　施工技术方案的编制

确定施工技术方案是单位工程施工组织设计的核心。施工技术方案的主要内容：施工流向、施工顺序、流水段划分、施工方法和施工机械选择等。

(1) 确定施工流向　确定施工流向（流水方向），主要解决施工项目在平面上、空间上的施工顺序、施工过程的开展和进程问题，是指导现场如何进行的主要环节。确定单位工程施工流向时，主要考虑下面几个问题。

① 根据建设单位的要求，对使用上要求急的工程项目，应先安排施工。

② 根据分部分项工程施工的繁简程度，对技术复杂或施工进度慢、工期长

的工程项目，应先安排施工。

③ 满足选用的施工方法、施工机械和施工技术的要求。

④ 施工流水在平面或空间开展时，要符合工程质量与安全的要求。

⑤ 确定的施工流向不能与材料、构件的运输方向发生冲突。

（2）确定施工顺序　施工顺序是指单位工程中，各分项工程或工序之间进行施工的先后次序。它主要解决工序间在时间上的搭接问题，以充分利用空间、争取时间、缩短工期为主要目的。单位工程的施工顺序如下。

① 先地下，后地上。地下埋设的管道、电缆等工程应首先完成，以免影响地上工程施工。

② 先主体，后围护，先土建，后安装与种植。如土建的主体施工后，水暖电才正式施工，最后装饰施工。

③ 应尽量采用交叉作业施工顺序，当土建施工为设备安装创造必要条件时，设备安装应与土建同时交叉施工。

分部、分项工程施工顺序应满足以下要求。

a. 符合各施工过程间存在的一定的工艺顺序关系。在确定施工顺序时，使施工顺序满足工艺要求。

b. 符合施工方法和所用施工机械的要求。确定的施工顺序必须与采用的施工方法、选择的施工机械一致，充分利用机械效率提高施工速度。

c. 符合施工组织的要求。当施工顺序有几种方案时，应从施工组织上进行分析、比较，选出便于组织施工和开展工作的方案。

d. 符合施工质量、安全技术的要求。在确定施工顺序时，以确保工程质量、施工安全为主。当影响工程质量安全时，应重新安排施工顺序或采取必要技术措施，保证工程顺利进行。

（3）流水段的划分　流水施工段的划分，必须满足施工顺序、施工方法和流水施工条件的要求。

（4）选择施工方法和施工机械　选择正确的施工方法，合理选用施工机械，能加快施工速度，提高工程质量，保证施工安全，降低工程成本。因此，拟定施工方法、选择施工机械是施工技术方案中应解决的主要问题。

① 施工方法与机械选择应根据施工内容、条件综合确定。每个施工过程总有不同的施工方法和使用机械，而每种施工方法、施工机械都有各自的优缺点。施工方法、施工机械选择的基本要求是，符合施工组织总设计的规划要求；技术上可行、经济上合理；符合工期、质量与安全的要求。

② 施工方法的选择。施工方法是根据工程类别特点，对分部、分项工程施工提出的操作要求。对技术上复杂或采用新技术、新工艺的工程项目，多采用限定的施工方法，所以提出的操作方法及施工要点应详细。而对常见的工程项目，由于采用常规施工方法，所以提出的操作方法及施工要点可简化。

③ 施工机械的选择。施工机械是根据工程类别、工期要求、现场施工条件、

施工单位技术水平等，以主导工程项目为主进行选择。如大型土方工程或直埋管路挖管沟项目，选择挖土机类型、型号时，应根据土壤类别、现场施工条件或管沟宽度、深度等要求来确定。

（5）施工方案的技术经济分析　施工方案的技术经济分析有定性和定量两种比较方式。一般常用定量技术分析进行施工方案的比较。

评价施工方案优劣的常用指标有以下几个。

① 单位产品的成本。单位产品的成本是指园林绿化各种产品一次性的综合造价。在计算产品造价时，不能采用预算造价，而要采用实际工程造价，它是评价施工方案经济性的指标之一。

$$单位产品成本 = \frac{完成该工程的费用}{工程总量}$$

② 单位产品的劳动消耗量。单位产品劳动消耗量是指完成某一产品所消耗的劳动工日数。它包括主要工种用工、辅助用工和准备工作用工等。

$$单位产品劳动消耗量 = \frac{完成该工程的全部劳动工日数}{工程总量}$$

③ 施工过程的持续时间。施工过程的持续时间是指施工项目从开工到竣工所用的时间。为提高工效、降低工程造价，在保质、保量的前提下，应尽量缩短工期。

$$施工过程持续时间 = \frac{工程总量}{单位时间内完成的工程量}$$

④ 施工机械化程度。机械化施工是改善劳动条件、提高劳动生产率的主要措施。因此，机械化施工程度的高低也是评价施工方案的指标之一。

$$施工机械化程度 = \frac{机械完成的实物量}{全部实物量} \times 100\%$$

对于不同的施工方案进行比较时，会出现某一方案有几个好指标，另一方案有另一些好指标的现象。施工方案比较，应根据工程特点、施工单位条件，按规定指标综合评定，选出经济上最合理的方案作为确定的施工方案。

3.3.2.3　编制施工进度计划

单位工程施工进度计划是控制施工进度、工程项目竣工期限，指导各项施工活动的计划。它的作用是确定施工过程的施工顺序、施工持续时间，处理施工项目之间的衔接、穿插协作关系，以最少的劳动力、物资资源，在保证工期下完成合格工程为主要目的。

单位工程施工进度计划是编制月、旬施工作业计划，平衡劳动力、调配各种材料及施工机械，编制施工准备工作计划、劳动力与物资供应计划的基础。是明确工程任务、工期要求，强调工序之间配合关系，指导施工活动顺利进行的首要条件。

（1）编制施工进度计划的依据

① 单位工程全套施工图纸和标准图等技术资料。

② 施工工期要求及开工、竣工日期。

③ 施工条件、材料、机械供应与土建、安装、种植配合。

④ 确定的施工方案，主要是施工顺序、流水段划分、施工方法和施工机械、质量与安全要求。

⑤ 劳动定额、机械台班使用定额、预算定额及预算文件。

（2）编制施工进度计划的主要内容和程序

① 编制单位工程施工进度计划的主要内容：熟悉图纸、了解施工条件、研究有关资料，提出编制依据；确定施工项目；计算工程量；套用施工定额计算劳动量、机械台班需用量；确定施工项目的持续时间；初排施工进度计划；按工期、劳动力与施工机械和材料供应量要求，调整施工进度计划；绘制正式施工进度计划。

② 编制单位工程施工进度计划的程序，如图 3-1 所示。

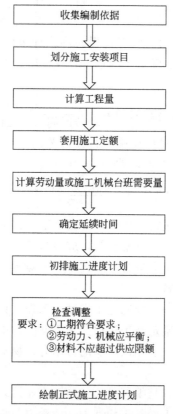

图 3-1　单位工程施工进度计划编制程序

（3）划分施工种植、安装项目

① 划分施工种植、安装项目的依据和要求。施工种植、安装项目应根据工

程特性、施工方法、工艺顺序为依据划分。施工安装项目划分的粗细程度，主要取决于计划的性质。编制控制性施工进度计划时，项目划分可粗些，一般只列分部工程名称，以达到控制施工进度为主；编制实施性施工进度计划时，项目划分应细些，要求列出各分项工程的名称，做到详细、具体、不漏项，以便掌握施工进度，指导施工作用。

② 施工种植、安装项目划分的原则。施工种植、安装项目划分原则是尽量减少施工过程数，能合并项目要合并，以保证施工进度计划的简明、清晰要求。施工项目多少应根据具体施工方法来定，一般可将同一时期由同一个施工队（组）完成的施工项目合并列项，对零星工程或劳动量不大的项目，可合并为"其他工程项目"，在计算劳动力时，应适当增量。

③ 划分的施工种植、安装项目数要符合流水段和施工方案要求。采用流水施工时，应根据组织流水施工方法、原则及要求来确定施工项目名称，一般要求施工过程数大于或等于流水段数，以保证流水施工的展开。不同的施工方案，其施工项目与数量、施工顺序是不同的，因此划分的施工项目必须符合确定的施工方案要求，以保证施工进度计划的实施。

④ 施工种植、安装项目应按施工顺序排列。将确定的各分部、分项工程名称，按施工工艺顺序填入施工进度计划图表中。使施工进度计划图表能清晰反映施工先后顺序，以便安排各项施工活动。

（4）工程量计算　施工安装项目确定后，可根据施工图纸、工程量计算规则，按施工顺序分别计算各施工项目的工程量。工程量的计算单位应与施工定额或劳动定额单位一致。

编制施工进度计划前，如已编制施工图预算，可取预算中的工程量按一定系数换成劳动定额的工程量。如未编制施工图预算时，可根据划分的施工安装项目按劳动定额或预算定额计算工程量。

（5）劳动力和施工机械　各施工安装项目工程量确定后，可计算各施工项目的劳动力需用量、机械台班需用量。劳动力和机械台班用量，可根据确定的工程量、劳动定额，结合各地区情况和施工单位技术水平进行计算。

① 计算劳动工日数。施工项目采用手工操作完成时，其劳动工日数可按式（3-1）计算：

$$P = \frac{Q}{S} = QH \tag{3-1}$$

式中　P ——某施工项目需要的劳动工日数，工日；

　　　Q ——该施工项目的工程量，m^3（m^2、m、t 等）；

　　　S ——该施工项目采用的产量定额，$m^3/日$（$m^2/日$、$m/日$、$t/日$）；

　　　H ——该施工项目采用的时间定额，工日/m^3（工日/m^2、工日/m、工日/t）。

在实际工程计算中，产量（或时间）定额按国家或地区的现行劳动定额或预算定额乘系数折算成劳动定额，单位按半天或整天计取。

② 计算机械台班数。施工安装项目采用机械施工时，其机械及配套机械所需的台班数量，可按式（3-2）计算：

$$D=\frac{Q'}{S'}=Q'H'$$ (3-2)

式中　D——某施工项目需要的机械台班数，台班；

　　　Q'——机械完成的工程量，m^3（m^2、t、件等）；

　　　S'——该施工机械采用的产量定额，m^3/台班（m^2/台班、m/台班、t/台班、件/台班）；

　　　H'——该施工机械采用的时间定额，台班/m^3（台班/m^2、台班/m、台班/t、台班/件）。

在实际工程计算中，产量或时间定额应根据定额给定参数，结合本单位机械状况、操作水平、现场施工条件等分析确定，计算结果取整数。

（6）计算各施工安装项目的施工时间　施工安装项目的劳动力、机械台班需用量确定后，可根据组织的流水施工所确定的流水段、流水节拍，分别计算完成某施工项目（或一个流水施工段）所需的施工工期（持续、延续时间）。

① 以手工操作为主，完成某施工项目所需的施工时间，可按式（3-3）计算：

$$T=\frac{P}{Rb}$$ (3-3)

式中　T——完成某施工项目所需的施工持续时间，d；

　　　P——完成该施工项目所需的劳动工日数，工日；

　　　R——完成该施工项目平均每天出勤的班组人数，人；

　　　b——该施工项目每天采用的工作班组数，1～3班制。

② 以施工机械为主，完成某施工项目所需的施工时间及流水节拍，可按式（3-4）计算：

$$T=\frac{D}{Gb}$$ (3-4)

式中　T——完成某施工项目所需的施工持续时间，d；

　　　D——完成某个施工项目所需的机械台班数，台班；

　　　G——机械施工的每天机械台数，台；

　　　b——机械施工的班组（班制）数。

③ 计算施工项目的工期和班组人数、机械台数、工作班组数的方法。计算施工安装项目的工期时，常用的方法有以下两种形式。

a. 第一种形式：先确定班组人数、机械台班、工作班组数，再计算施工工期。

ⅰ. 施工班组人数（R）的确定。某一施工项目所需施工班组人数的多少，主要取决于三个方面：即施工单位能配备的主要技术工人数量；施工过程的最小工作面（指每一个工人或小组施工时，能保证质量、安全、发挥高效率所需一定的工作面）；工艺所需最小劳动组合（指各施工项目正常施工时，所必需的最低限度的小组人数及合理组合人数）等要求。

不同施工项目，因工艺要求不同，其最小工作面、最小劳动组合人数是不同的。在实际工程中，应根据上述要求，结合现场施工条件，经分析、研究来确定工程所需的施工班组人数。

ⅱ. 施工机械台数（G）的确定。某施工项目所需施工机械台数，可根据施工单位能配备的机械台数，机械施工的操作面，正常使用机械必要的停歇、维修及保养时间等综合分析确定。

ⅲ. 施工的工作班制（b）的确定。某施工项目所需的工作班制，主要取决于施工工期、工艺技术要求及提高机械化程度等。一般当工期允许，工艺在技术上不需连续施工，劳动和施工机械周转使用不紧迫时，可采用一班工作制；当工期要求紧迫，工艺在技术上要求不能间断，劳动和施工机械使用受时间限制或充分提高机械利用率时，可采用两班或三班工作制。

当 R、G、b 确定后，可按上述公式计算工期，如某施工项目的持续时间过长超过工期要求，或持续时间过短没必要单独列项时，必须调整 R、G 或 b 中任意值，然后重新计算各施工项目持续时间，直到满足工期要求为止。

b. 第二种形式：根据施工工期要求，先确定某施工项目的持续时间及工作班制数，再计算施工班组人数、机械台数。计算公式如下：

$$R = \frac{P}{Tb} \tag{3-5}$$

$$G = \frac{D}{Tb} \tag{3-6}$$

式中，各符号含义与前述的公式相同。

按上两式计算出的施工班组人数、机械台数，也应满足最小工作面或最小劳动组合的要求。当计算出的 R、G 小于最小工作面所容纳的班组人数、机械台数或最小劳动组合时，施工单位可通过增加技术工人的人数、施工机械台数或技术组织上采用平面、立体交叉的流水施工方法，来保证工期要求。当计算出的 R、G 大于最小工作面或劳动组合，而工期要求紧、不能延长施工持续时间时，除通过技术组织方面采取必要措施外，可采用多班组、多班制施工方法，来保证工期要求。

（7）编制施工进度计划 从施工安装项目到施工持续时间确定后，可编制施工进度计划。施工进度计划多用图表形式表示，常用水平图表或网络图。

施工进度计划的编制可分两步进行。

① 初排施工进度计划。

a. 根据拟订的施工方案、施工流向和工艺顺序，将确定的各施工项目进行排列。各施工项目排列原则为：先施工项先排，后施工项后排，主要施工项先排，次要施工项后排。

b. 按施工顺序，将排好的施工项目从第一项起，逐项填入施工进度计划图表中。

初排时，主要的施工项目先排，以确保主要项目能连续流水施工。排施工进度时，要注意子施工项目的起止时间，使各施工项目符合技术间歇、组织间歇的时间要求。

c. 各施工过程，尽量组织平面、立体交叉流水施工，使各施工项目的持续时间符合工期要求。

② 检查、调整施工进度计划。施工进度计划的初排方案完成后，应对初排施工进度计划进行检查调整，使施工进度计划更完善合理。检查平衡调整进度计划步骤如下。

a. 从全局出发，检查各分部、分项工程项目的先后顺序是否合理，各项施工持续时间是否符合上级或建设单位规定的工期要求。

b. 检查各施工项目的起、止时间是否正确合理，特别是主导施工项目是否考虑必须的技术、组织间歇时间。

c. 对安排平行搭接、立体交叉的施工项目，是否符合施工工艺、施工质量、安全的要求。

d. 检查、分析进度计划中，劳动力、材料与施工机械的供应与使用是否均衡，消除劳动力、材料过于集中或机械利用超过机械效率许用范围等不良因素。

经上述检查，如发现问题，应修改、调整进度计划，使整个施工进度计划满足上述条件要求为止。

由于建筑安全工程施工复杂，受客观条件影响较大。在编制计划时，应充分、仔细调查研究，综合平衡，精心设计。使计划既要符合工程施工特点，又留有余地，为适应施工过程条件变化的修改和调整，使施工进度计划确实起到指导现场施工的作用。

3.3.2.4 施工准备工作计划、劳动力及物资需用量计划

单位工程施工进度计划编制后，为确保进度计划的实施，应编制施工准备工作、劳动力及各种物资需用量计划。这些计划编制的主要目的是为劳动力与物资供应，施工单位编制季、月、旬施工作业计划（分项工程施工设计）提供主要参数。其编制内容和基本要求如下。

（1）施工准备工作计划 单位工程施工准备工作计划是根据施工合同签订的内容，结合现场条件和施工方案、施工进度计划等提出的要求或确定的参数进行编制。编制的主要内容为现场准备（现场障碍物拆除和场地平整，临时供水、供电和施工道路敷设，生活、生产需要的临时设施）；技术准备（施工图纸会审，收集有关施工条件和技术经济资料，编制施工组织设计和施工预算等）；劳动力及物资准备（建立工地组织机构，进行计划与技术交底，组织劳动力、机械设备和材料订货储备工作）。单位工程施工准备工作计划见表 3-2。

表 3-2 单位工程施工准备工作计划

序号	施工准备工作项目	工程量		负责单位或负责人	准备工作进度										
		单位	数量		月						月				
					5	10	15	20	25	30	5	10	15	20	···
1															
2															
3															
4															
5															
6															
7															
8															
9															
10															
11															
12															

（2）劳动力需要量计划　单位工程施工时所需的各种技术工人、普工人数，主要是根据确定的施工进度计划要求，按月分旬编制的。编制方法是以单位工程施工进度计划为主，将每天施工项目中所需的施工人数，分工种分别统计，得出每天所需工种及其人数，并按时间进度要求汇总后编出。单位工程劳动力需要量计划见表 3-3。

（3）各种主要材料需要量计划　确定单位工程所需的主要材料用量是为储备、供应材料，拟订现场仓库与堆放场地面积，计算运输量计划提供依据。编制方法是按施工进度计划中所列的项目，根据工程量计算规则、以定额为依据，经工料分析后，按材料的品种、规格分别统计并汇总后编出。单位工程各种主要材料需要量计划见表 3-4。

（4）施工机械、主要机具需要量计划　单位工程所需施工机械、主要机具用量是根据施工方案确定的施工机械、机具形式，以施工进度计划为依据编制。施工机械是指各种大中型施工机械、主要工艺用的工具，不包括施工班组管理的小型机具。编制方法以施工进度计划中每一项目所需的施工机械、机具的名称、型号规格及数量、使用时间等分别统计。单位工程施工机械、机具需要量计划见表 3-5。

表 3-3 单位工程劳动力需要量计划

序号	工种名称	人数	月			月			月			月			...		
			上	中	下	上	中	下	上	中	下	上	中	下	...	...	...

表 3-4　单位工程各种主要材料需要量计划

序号	主要材料名称	规格	需要量		进场日期	备注
			单位	数量		

表 3-5　单位工程施工机械、机具需要量计划

序号	机械及机具名称	规格型号	需要量		机械来源	使用起止日期		备注
			单位	数量		月/日	月/日	

（5）加工件、预制件需要量计划　单位工程所需各种加工与预制件用量，是根据施工图纸或标准图，结合施工进度计划编制的。编制方法是按加工件、预制件的名称、规格、数量及需用时间分别统计，并注明加工时间与产品质量要求。单位工程加工与预制件需用量计划见表 3-6。

表 3-6　单位工程加工与预制件需要量计划

使用单位及单位工程	构件名称	型号规格	数量	单位	计划需要日期	平衡供应日期	备注

3.3.2.5　施工现场平面布置图

单位工程施工现场平面布置图是表示在施工期间，对施工现场所需的临时设施，苗木假植用地，材料仓库，施工机械运输道路，临时用水、电、动力管线等做出的周密规划和具体布置。

施工平面图是根据施工方案、施工进度计划的要求，在施工前对施工所需的各种条件进行安排，为施工进度计划、施工方案实施和施工组织管理创造条件。

（1）施工平面图的设计依据

① 施工图纸及设计的有关资料。主要是景区、景观总平面布置图，施工范围内的地形图，已有和拟建景点及地上、地下管网位置等资料。

② 施工地区的技术经济调查资料。主要是交通运输，水源、电源和物资供应情况。

③ 施工方案、施工进度计划。主要掌握施工机械、运输工具的型号和数量，以便对各施工阶段进行统筹规划。

④ 各种材料、加工或预制件、施工机械、运输工具的一览表及使用时间，为设计仓库、堆放场地面积用。

⑤ 各种生产、生活临时用房一览表，包括建设单位提供的原有房屋及生活设施、现场的加工厂、生产工棚等。

（2）施工平面图设计的主要原则

① 在保证施工条件下，施工现场布置尽量紧凑，减少施工用地及施工用各种管线。

② 材料仓库或成品件堆放场地，尽量靠近使用地点，以便减少场地内运输费用。

③ 在施工方便的前提下，尽量减少临时设施及施工用的设施，有条件的可利用拟建的永久性建筑或尽量采用拆移式临时房屋设施。

④ 临时设施布置，应尽量便于施工、生活和施工管理的需要。

⑤ 临时设施布置应符合劳动保护、技术安全和防火要求。

（3）施工平面图设计的内容及步骤

① 在单位工程施工范围内的总平面图上，应标出已建和拟建景观建筑、构筑物，已有大树、道路、水体等的位置与尺寸。

② 工程建设所需各种施工机械、机具的行驶路线和水平、垂直运输设施的固定位置及主要尺寸。

③ 各种材料仓库或堆放场地和施工棚面积、位置的布置。

④ 施工、生活与行政管理所用的临时建筑物面积、位置的布置。

⑤ 临时供水、电、热管网的布置和现场水源、排水点、电源的位置的布置。

⑥ 安全、防火设施的布置和施工临时围栏或先建永久性围栏的布置等。

施工平面图的内容，应根据工程性质、现场施工条件来设置。有些内容不一定在平面图反映出来，具体设计内容应满足工程需要确定。单位工程平面图，一般用 1∶（500～200）的比例，图幅为 2～3 号图。绘制时，应有风玫瑰、图例和必要的文字说明及一览表等。

3.3.2.6　施工技术组织措施

施工技术组织措施属于施工方案的内容，是指在技术和组织上对施工项目，从保证质量、安全、节约和季节性施工等方面所采用的方法。是编制人员在各施工环节上，围绕质量与安全等方面，提出的具体的有针对性及创造性的一项工作。

（1）保证工程质量措施　为贯彻"百年大计，质量第一"的施工方针，应根据工程特点、施工方法、现场条件，提出必要的保证质量的技术组织措施。保证工程质量的主要措施有以下几点。

① 严格执行国家颁发的有关规定和现行施工验收规范，制订一套完整和具体的确保质量制度，使质量保证措施落到实处。

② 对施工项目经常发生质量通病的方面，应制订防治措施，使措施更有实用性。

③ 对采用新工艺、新材料、新技术和新结构的项目，应制订有针对性的技术措施。

④ 对各种材料、半成品件、加工件等，应制订检查验收措施，对质量不合格的成品与半成品件，不经验收不能使用。

⑤ 加强施工质量的检查、验收管理制度。做到施工中能自检、互检，隐蔽工程有检查记录，交工前组织验收，质量不合格应返工，确保工程质量。

（2）保证安全施工措施　为确保施工安全，除贯彻安全技术操作规程外，应根据工程特点、施工方法、现场条件，对施工中可能发生的安全事故进行预测，提出预防措施。

一般保证安全施工的主要措施有以下几点。

① 加强安全施工的宣传和教育，特别对新工人应进行安全教育和安全操作的培训工作。

② 对采用新工艺、新材料、新技术和新结构的工程，要制订有针对性的专业安全技术措施。

③ 对高空作业或立体交叉施工的项目，应制订防护与保护措施。

④ 对从事有毒、有尘、有害气体工艺施工的操作人员，应加强劳动保护及安全作业措施。

⑤ 对从事各种火源、高温作业的项目，要制订现场防火、消防措施。

⑥ 要制订安全用电、各种机械设备使用、吊装工程技术操作等方面的安全措施。

（3）冬期、雨期施工措施　当工程施工跨越冬期和雨期时，应制订冬期施工和雨期施工措施。

① 冬期施工措施。冬期施工措施是根据工程所在地的气温、降雪量、冬期

时间，结合工程特点、施工内容、现场条件等，制订防寒、防滑、防冻、改善操作环境条件、保证工程质量与安全的各种措施。

② 雨期施工措施。雨期施工措施是根据工程所在地的雨量、雨期时间，结合工程特点、施工内容、现场条件，制订防淋、防潮、防泡、防淹、防风、防雷、防水、保证排水及道路畅通和雨期连续施工的各项措施。

（4）降低成本措施　降低成本是提高生产利润的主要手段。因此，施工单位编制施工组织设计时，在保质、保量、保工期和保施工安全条件下，要针对工程特点、施工内容，提出一些必要的方法。（如就地取材，降低材料单价；合理布置材料库，减少二次搬运费；合理放坡，减少挖土量；保证工作面均衡利用，缩短工期，提高劳动效率等。）

降低成本措施，通常以企业年度技术组织措施为依据来编制，并计算出经济效果和指标，然后与施工预算比较，进行综合评价，提出节约劳动力、节约材料、节约机械设备费、节约工具费、节约间接费、节约临时设施费和节约资金等方面的具体措施。

3.3.2.7　主要技术经济指标

技术经济指标是评价施工组织设计在技术上是否可行，经济上是否合理的尺度。通过各种指标的分析、比较，可选出最佳施工方案，从而提高施工企业的组织设计与施工管理水平。

单位工程施工组织设计的技术经济指标有：工程量指标，工程质量指标，劳动生产率指标，施工机械完好率和利用率指标，安全生产指标，流动资金占用指标，工程成本降低率指标，工期完成指标，材料节约指标等。

施工组织设计基本完成后，应对上述指标进行计算，并附在施工组织设计后面，作为考核的依据。

3.4 单位工程施工组织设计案例（某小游园景观建设工程施工组织设计）

3.4.1　编制说明

（1）编制原则　本施工组织设计根据施工合同要求及有关图样资料，并严格遵循有关施工技术规范和操作规程进行编制。

（2）编制范围、依据

① 编制范围。本施工组织设计编制范围包括景观及绿化工程施工相应要求的技术质量、安全、文明措施等。

② 编制依据。

a.《某小游园景观建设工程招标投标文件》、××园林规划设计院设计的施工图样。

b. 国家有关标准规范。

（3）施工中遵循的国家法律、法规及标准

① 国家法律。

a.《中华人民共和国建筑法》。

b.《中华人民共和国招标投标法》。

② 工程建设国家标准。

a.《混凝土结构工程施工质量验收规范》（GB 50204—2002）。

b.《建筑工程施工现场供用电安全规范》（GB 50194—1993）。

c. 有关绿化工程验收规范。

③ 建筑工程行业标准。

a. 相应的绿化工程行业标准。

b.《普通混凝土用砂、石质量及检验方法标准》（JGJ 52—2006）。

（4）现场条件

① 施工场地已平整。

② 施工用水电已由甲方接至现场。

③ 场内外道路畅通。

3.4.2　工程概况

（1）工程建设项目概况

工程名称：某小游园景观建设工程

招标单位：××总公司

设计单位：××园林规划设计院

建设地点：××区××路（街）××号

招标范围：小游园景观建设工程设计的全部内容，主要包括休闲广场、道路铺装、园林小品、水景、园林植物种植、照明等工程，并提供相关的园林绿化技术咨询等附属服务。

招标要求工程质量等级：一次性验收合格，达到国家施工验收规范优良标准。

招标工期：60 日历天。

计划开工日期：××××年 3 月 25 日。

计划竣工日期：××××年 5 月 23 日。

（2）建筑、结构设计概况

基础形式：素土夯实，150mm 厚石灰粉煤灰碎石垫层，100mm 厚 C10 素混凝土垫层，300mm 厚 C30 混凝土基础。

混凝土强度等级：垫层为 C10；基础为 C30。

石作工程：花岗岩贴面、景观石、铺地、毛石驳岸等。

（3）工程施工特点

① 基础施工严格按方案实施，施工中有重大调整的，应提出相应施工技术方案，报主管部门审定后，方可实施。

② 根据实际情况，石构件应控制石材质地色泽，台基石阶沿、侧塘、贴面等应符合设计要求。

3.4.3 施工组织及部署

（1）施工组织

① 施工组织的原则。本工程施工组织以抓好"施工管理，质量管理，创建文明管理"为原则，具体落实、明确工程管理目标，配备综合管理素质高的项目经理部，选派技术过硬的施工队伍，对工程进行统一化管理。

② 工程目标。

a. 质量目标：国家优良标准。

b. 工期目标：工期严格控制在 60 日历天时间内，确保完成承包工程内容。

c. 安全目标：安全达标工地，重大伤亡事故为零。

③ 施工组织管理体系。根据本工程实际情况，公司将委派施工阅历丰富、承担过类似工程施工的项目经理担任项目部经理，并调集本公司具有丰富施工经验的技术骨干一起组成本工程项目部（图 3-2）。

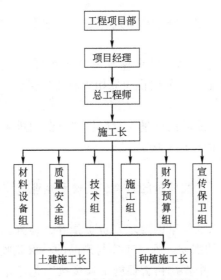

图 3-2 小游园景观建设工程管理框图

④ 职责分配。

a. 项目经理。

ⅰ. 认真贯彻执行国家有关法律法规要求和质量管理体系标准，执行公司质量方针，领导实施项目质量控制和管理。

ⅱ. 组织编写和实施项目管理规划，领导、协调项目内部各项生产活动。

ⅲ. 具体领导工程施工，确保合同目标的贯彻执行。

ⅳ.对经批准的与项目有关的文件组织实施，并负责与项目各相关方的沟通和协调工作。

ⅴ.控制工程成本，合理管理项目资金运转。选择和评审分包商和材料供应商，审核其资质并签订分包合同。

b.项目总工程师。

ⅰ.在项目经理领导下，全面负责项目技术质量日常管理，具体协调施工技术管理工作，解决工程施工过程中出现的技术问题。

ⅱ.负责施工过程中的全面质量监控，组织、主持质量检查、复核和自我验收。

ⅲ.负责施工图分阶段的会审工作，提出施工图的问题，进行技术核定工作。

c.施工员。

ⅰ.参与编制施工组织设计，优化施工方案，负责落实各项技术节约措施，提供技术节约措施控制计划。

ⅱ.负责向专业工长进行技术交底，并按交底要求组织施工。

ⅲ.确保质量目标的全面实现。

d.材料员。

ⅰ.根据工程进度计划编制材料请购计划，合理安排材料进出现场，确保工程的正常施工。

ⅱ.负责各种材料进出单据的审核及材料成本核算，建立健全材料分类账册，做好收料台账（日记）和材料供应原始资料收集保管，为项目经济核算、降低成本提供原始凭据。

ⅲ.控制原材料、半成品的质量，对甲供和自供的进场材料质量进行严格的验收、验证，杜绝不合格材料入场。

e.质量员。

ⅰ.认真贯彻、执行工程质量的政策、法规和企业规章制度，完善工程质量奖惩制度。

ⅱ.根据项目质量保证体系的要求，负责指导、检查、监督、纠正、控制现场一切与产品质量有关的因素，保证工序与产品的一次验收合格。

ⅲ.在项目施工过程中，严格督促施工人员按工艺操作，力求达到施工工艺控制的标准化、规范化、制度化。

f.安全员。

ⅰ.贯彻执行党和国家劳动保护和安全法规、条例、标准、规定，推动本施工项目安全管理"达标"工作和安全管理目标的实现。

ⅱ.做好安全生产的宣传教育和管理工作，总结交流先进经验。

ⅲ.在施工现场，监督和指导各工种作业队的安全工作，掌握项目安全生产情况及动态，提出改进意见和措施。

g. 资料员。

ⅰ. 负责文件资料的登记、分办、催办、签收、用印、传递、立卷、归档和销毁等工作。

ⅱ. 来往文件资料收发应及时登记台账，视文件资料的内容和性质准确及时递交项目经理批阅，并及时送有关部门办理。

ⅲ. 负责做好各类资料积累、整理、处理、保管和归档立卷等工作，注意保密的原则。

h. 核算员。

ⅰ. 正确掌握相关专业预算定额，认真执行国家和省、市有关工程造价政策、法令。

ⅱ. 项目核算员对项目经理负责，接受其指派的各项业务管理工作。

ⅲ. 参加设计交底，正确计算工程量，套用合理的定额单价，及时编制工程预决算和施工月报，对工程项目在施工中的增减、变更及时办理签证手续。

i. 设备管理员。

负责工程项目各类机电设备的管理工作，确保机电设备安全运行和正常的施工生产。负责对各类机械设备的安全和完好状况的检查，执行维修和保养制度，提高机电设备的完好使用率。

j. 施工班组负责人。

负责工程施工中的人员组织及安排，保证施工计划的顺利进行，贯彻并执行管理层的各项决定，执行操作规程，确保工程的质量、工期、安全等指标的顺利完成。

（2）施工部署

① 施工准备。

a. 生产、技术准备。

ⅰ. 组织项目经理部施工管理人员学习有关图集、图样、施工规范以及技术文件，并由项目总工程师牵头做好图纸会审、设计交底工作。

ⅱ. 建立现场测量组，检查验收红线桩和建设方提供的坐标桩，做好施工现场平面、高程控制桩的设置以及地坪高程网络测量记录等测量准备工作。

ⅲ. 组织进行本工程钢筋、铁件、模板翻样工作。

ⅳ. 做好施工前的技术及安全交底工作。

b. 现场准备。

ⅰ. 工程开工后，先按照《建筑施工安全检查标准》（JGJ 59—2011 标准）、文明施工规划及施工总平面布置图进行现场布置和临时设施的施工。围护的搭设和临时施工的布置符合有关标准和要求。

ⅱ. 按计划组织机械设备和施工队伍进场。

ⅲ. 合理安排施工，土建、绿化及其他各专业施工默契配合，协调一致，保证工程如期高效优质完成。

② 主要分项工程施工程序安排（工艺框图）。

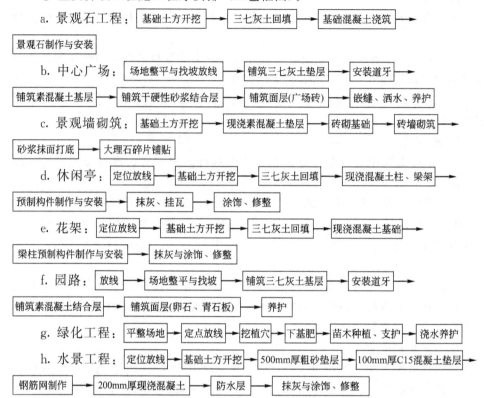

a. 景观石工程：基础土方开挖 → 三七灰土回填 → 基础混凝土浇筑 → 景观石制作与安装

b. 中心广场：场地整平与找坡放线 → 铺筑三七灰土垫层 → 安装道牙 → 铺筑素混凝土基层 → 铺筑干硬性砂浆结合层 → 铺筑面层(广场砖) → 嵌缝、洒水、养护

c. 景观墙砌筑：基础土方开挖 → 现浇素混凝土垫层 → 砖砌基础 → 砖墙砌筑 → 砂浆抹面打底 → 大理石碎片铺贴

d. 休闲亭：定位放线 → 基础土方开挖 → 三七灰土回填 → 现浇混凝土柱、梁架 → 预制构件制作与安装 → 抹灰、挂瓦 → 涂饰、修整

e. 花架：定位放线 → 基础土方开挖 → 三七灰土回填 → 现浇混凝土基础 → 梁柱预制构件制作与安装 → 抹灰与涂饰、修整

f. 园路：放线 → 场地整平与找坡 → 铺筑三七灰土基层 → 安装道牙 → 铺筑素混凝土结合层 → 铺筑面层(卵石、青石板) → 养护

g. 绿化工程：平整场地 → 定点放线 → 挖植穴 → 下基肥 → 苗木种植、支护 → 浇水养护

h. 水景工程：定位放线 → 基础土方开挖 → 500mm厚粗砂垫层 → 100mm厚C15混凝土垫层 → 钢筋网制作 → 200mm厚现浇混凝土 → 防水层 → 抹灰与涂饰、修整

（3）资源配置

① 机具设备资源配置。

a. 根据总工期的安排要求，结合本工程的具体情况和特点，配备机械设备，以满足施工需要（见表 3-7）。

表 3-7 机具设备资源配备

序号	机械或设备名称	单位	数量	功率/kW
1	打夯机	只	2	2.2×2＝4.4
2	混凝土搅拌机	台	2	5×2＝10
3	砂浆搅拌机	台	2	3×2＝6
4	高频振荡机	套	2	1.1×2＝2.2
5	平板式振荡机	台	2	2.2×2＝4.4
6	木工机械	套	1	9×1＝9
7	钢筋切断机	台	1	3×1＝3
8	碘钨灯	盏	4	1×4＝4
9	探照灯	盏	2	2×2＝4

注：如同时使用机械动力总功率为 47kW，照明总功率为 8kW。

b. 施工机械的进退场计划。工程中标后，根据建设单位通知，项目部随时进场进行施工前期工作（包括敷设临时施工用电用水线路，施工照明、临时设施的搭建及地表清土、清障等）。放线结束并经建设、监理单位签证后立即安排施工机械、挖掘机等设备进场进行土方开挖施工。土方开挖的同时，逐步安排砂浆机、混凝土搅拌机、木工机械及零星小型施工机械如潜水泵、混凝土振捣器等进场布置就位。

各施工机械由项目部视具体使用功能和现场情况陆续进行进退场。

② 现场临时用电。施工现场由专职电工负责现场施工用电的管理工作，严禁非电工擅自拆装用电器具、拉设电线。各操作面采用电缆直接供电，每处配备一只电箱，以满足施工用电。

施工现场的供电全部采用三相五线绝缘线架空，架空线离地面 4m 以上，各使用点配备专用电箱，设置漏电保护器，动力和照明电路要分别设置金属外壳的电箱，应作接地或接零保护。

③ 临时施工用水及消防用水布置。

a. 进水总管已接入施工现场，要求水源管径应不小于 $\phi50mm$。

b. 施工用水在现场内的布置由本公司负责，在平面上采用沿场地道路四周布设 $\phi50mm$ 水管，每隔 30m 左右设一个 $\phi25mm$ 水源接口作为施工用水。

④ 人力资源配置及专业构成。项目经理部负责整个工程的全方位管理，同时按施工专业的不同，分别组成土建施工班组、绿化施工班组，按工程进度的需求，合理组织进场施工。

a. 根据本工程的具体情况，现场施工劳动力的合理配备是保证安全生产、施工质量、工程进度的关键之一。

b. 在劳动力的专业安排上，根据本工程具体施工进度要求和完成工程量需求，以及对本工程机械设备投入情况的分析，参照以往类似工程的施工经验，安排投入足够的施工人员组成本工程施工作业队，适时按需进场以满足施工需要。

c. 向施工操作队伍进行工期、关键部位施工方案、质量要求、安全施工措施、操作要领等方面的交底，书面、口头和现场示范相结合，但以书面技术交底为主。

3.4.4 进度计划及保证工期的措施

（1）施工工期安排 通过认真研究工程设计文件及详细的现场踏勘后，进行了细致的计划安排，现决定执行总工期为 60 日历天。

（2）施工总进度计划表 施工总进度详见施工进度控制计划表，详见图 3-3。

（3）保证工期措施 为了保证工程在计划工期内完成，需要在施工组织与技术管理、材料、设备上采取相应的措施，方能确保施工进度的实现。

① 加强组织管理。建立强有力的现场项目经理部，整个指挥体系从上到下

序号	工程内容	形象进度	技术指标	开工日期	完工日期	20××年3月25日至5月23日(总进度计划)						
						3月25日	4月3日	4月13日	4月23日	5月3日	5月13日	5月23日
1	土方	100%	合格	3.25	4.13	▬▬▬						
2	电气	100%	优良	4.3	5.3		▬▬▬▬▬					
3	水景	100%	优良	4.3	4.23		▬▬▬					
4	道路	100%	优良	4.13	5.13			▬▬▬▬▬				
5	小品	100%	优良	4.23	5.13				▬▬▬▬			
6	种植	100%	优良	4.23	5.23				▬▬▬▬▬▬			
7	验收	100%	优良	5.13	5.23						▬▬	

图 3-3　小游园景观建设工程施工详细进度计划横道图

精明强干、职责分明，既保证项目经理的领导权威性，又注意发挥各职能部门的主观能动性，齐心协力做好本工程施工每一个阶段的工作。

② 规范管理制度。为了优质、高效地完成每一分部分项工程，必须使整个管理工作制度化、规范化，做到有章可循，有法可依，现场必须制订严格的岗位责任制度、质量和安全保证制度以及作息时间制度、分配制度、综合治理制度等。

③ 完善施工准备。认真落实生产准备和技术准备工作，生产准备包括备足工程的模板、钢管等周转材料，劳动力及设备要按工期要求配备充足，满足施工工艺的要求；提前做好各种材料、成品、半成品的加工订货，根据生产安排提出计划，明确进场时间。

技术准备包括认真阅读图样，及时组织施工图会审和技术交底工作；施工前，制订先进合理的技术方案，明确各分部分项工程的具体施工方法，需翻样的提前做好翻样工作，制订好各项工程的施工实施方案。

④ 加强协调管理。施工协调工作包括生产计划协调、材料协调、外部协调等。为了保证进度，须在项目经理的直接领导下进行全面的协调，每月召开一次现场会，每周一上午召开施工协调会（或生产会），进行一周工作的布置，安排任务，明确目标，落实措施。

⑤ 严格施工计划。施工中，在严密的施工总体控制性进度计划控制下，制订分项工程的作业计划，将计划按月、周分解到每个作业班组，特别是要注重保证日计划的实现。

施工中要经常检查计划的执行情况，及时解决存在问题，使施工按照预订计划要求有条不紊地进行。

合理组织流水交叉作业，安装及装修及时插入。成立预测预控小组，对施工技术、施工组织进行预测预控到超前决策，合理安排施工工序，道道把关，环环扣紧，确保工期。

⑥ 应急措施得当。事先考虑到施工进程中会发生一些特殊情况，并采取相

应对策是保证工程进度的重要环节之一，拟采取的具体措施如下。

a. 根据本工程的结构特性、施工特点，在每道工序、每个分部分项上制订严格的技术措施、质量保证措施和安全消防措施。

b. 有针对性地编制季节性施工及环境保护方案，预先考虑到各种破坏因素，在施工之前按方案的措施要求做好准备工作。

c. 合理安排作息时间。由于工期紧张，在征得有关部门许可的条件下，利用休息日连续作业，确保如期完工。

3.4.5 施工总平面布置

本工程要按时保质完成施工任务，合理地进行平面布置和组织，严密科学的平面管理是一项十分重要的工作，具体施工平面布置详见图 3-4。

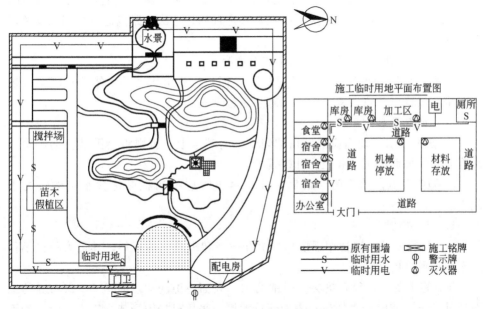

图 3-4 小游园景观建设工程施工平面布置图

3.4.6 主要分部分项施工方法及措施

（1）工程施工测量

① 测量总则。以业主提供的有关图样资料及轴线标高基准点为依据，进行轴线测放及标高控制，根据施工规范要求，在现场建立三个水准点，作为永久水准点。同时沉降观测时以该点为基准。在测量定位时按照先整体后局部的原则进行。

② 测量使用仪器。经纬仪 1 台，水准仪 1 台，5m 钢卷尺 2 把，50m 钢卷尺 2 把，2m 塔尺 2 把，其他辅助仪器等，仪器均通过技术监督局计量检定合格。

③ 测量人员。组长由公司测量队长担任，组员由项目工程师、专职质量员、施工员、记录员等组成。

④ 测量方法。

a. 标高以业主提供的水准点为基准，在现场建立 3 个水准点作为标高的引测和沉降观测的依据。

b. 平面轴线控制网以业主提供的基准点及设计单位提供的总体定位图为依据，建立轴线控制网。

c. 在基础结构施工中，利用轴线控制网主控轴线为依据，架设经纬仪将主控轴线引测至基础底板垫层上，然后放测出其余轴线，用于定位。

d. 由控制网的控制点把轴线引出，然后通过多个方位进行校核，准确无误后，将其固定，作为以后向上投测的基准点。

⑤ 沉降观测。

a. 沉降观测是一项长期、系统的观测工作，为了保证观测成果的正确性，安排固定人员观测，使用固定水准点，规定日期、方法、路线进行观测以及整理数据等。

b. 仪器采用水准仪及钢卷尺作往返观测。

c. 每次沉降观测完成后，及时处理数据，计算出闭合差，然后对闭合差进行调整，计算出各点高程，填好沉降观测记录表。

（2）地基及基础工程

① 基本要求。地面应铺设在均匀密实的基土上，否则将会因基土的不均匀沉降而导致地面下沉、起鼓、开裂现象。

a. 施工要点。填土前应清底夯实，填土时应控制在最优含水量的情况下施工。

b. 碎石垫层。

ⅰ. 材料要求。应选用强度均匀级配适当和未风化的石料，其最大粒径不得大于垫层厚度的 2/3。

ⅱ. 施工要点。碎石垫层应摊铺均匀，表面空隙应以粒径为 5～25mm 的细石填补。压实前应洒水使碎石表面保持湿润，采用机械辗压或人工夯实时，均不应少于三遍，并压（夯）至不松动为止。

c. 混凝土垫层。

ⅰ. 浇筑混凝土垫层时，应清除基层杂物，洒水湿润。

ⅱ. 混凝土浇筑完毕后，应在 12 小时内用草帘等加以覆盖和浇水，浇水次数应能保持混凝土具有足够的湿润状态，养护日间不少于 7 天。

ⅲ. 混凝土的抗压强度达到 1.2MPa 以后，方可在其上做面层等工作。

② 基础模板施工。

a. 基层处理。钢筋绑扎完成后进行隐蔽工程验收，清扫网片内碎屑，有可靠支撑点，要有标高线和找平层。

b. 材料准备。模板刷脱模剂，附件齐全，钢楞、钢管符合要求，操作工具齐全。

c. 吊垂直，测轴线。检查截面，保证模板轴线的位置准确，表面垂直，截面符合图样设计要求。

d. 抄标高，查水平。保证梁、板模板的支撑系统标高准确，水平杆水平，整个支撑体系稳固。

e. 加固支撑系统。保证模板系统有足够强度、刚度，保证构件的垂直度及截面尺寸。

f. 保养。拆除后按编码堆放，清除表面黏附物，及时涂刷脱模剂。

③ 基础钢筋施工。

本工程钢筋工程具体要求如下。

a. 严格控制原材料质量，对每批进场的钢筋，需根据施工验收规范和钢材质量标准实施把关，除必须附有钢筋质保单外，尚需通过随机抽样实验。

b. 钢筋由现场加工制作，钢筋应分类捆扎，设置标签，按施工进度安排进场。

c. 按施工进度，分阶段向施工班组进行施工交底，内容包括绑扎次序、钢筋规格、间距位置、保护层垫块、搭接长度与错开位置，以及弯钩形式等。

d. 弯曲不直的钢筋应校正后方可使用，沾染油渍和污泥的钢筋必须清洗干净后方可使用。

e. 在钢筋绑扎过程中如发现钢筋与埋件或其他设施相碰时应会同有关人员研究处理，不得任意弯、割、拆、移。

④ 基础混凝土施工。

a. 原材料的选样及有关要求。

ⅰ. 水泥应选用水泥质量稳定的生产厂家，同时水泥须经复试合格后方可使用。

ⅱ. 粗骨料的粒径、粒形、级配及含泥量符合规范要求。

ⅲ. 细骨料要求按产地、进货批量进行分析实验，细度模数 2.6 以上的中粗砂，含泥量控制在 1% 以内，其坚固性和有害杂质的含量应符合规范要求。

ⅳ. 水质采用饮用水。

b. 混凝土浇筑前的准备。

ⅰ. 混凝土浇筑前所有机械设备必须齐全，并经检验安全可靠，以保证混凝土浇筑过程中所有机械设备运转正常，施工中维修人员跟班维修。

ⅱ. 施工现场所有水、电必须保证供应，事先与供电、供水部门取得联系，防止突然停电、停水。

ⅲ. 施工前应安排好劳动力，并对有关施工人员以书面形式作全面的技术、质量、安全操作要求的交底。

ⅳ. 浇筑前再次检查预埋件、预留孔洞的位置数量是否正确。

ⅴ. 浇筑前应重新对模板、扣件进行检查、紧固，施工中配备看模板工人若干名，跟班作业。

ⅵ. 所用隐蔽工程均应组织建设、监理方等有关单位和人员进行验收。

c. 混凝土浇捣。基础混凝土全部采用现场浇捣，混凝土强度等级为C30。

基础混凝土浇灌前，应做好机械、人员等诸方面的准备工作，以确保混凝土一次性连续浇筑。混凝土振捣时应认真细致，保证振捣密实。

施工缝处理：将施工缝表面的一层水泥浆凿去，对松动的石子进行清理，清扫干净灰尘，新老混凝土结合处施工缝必须湿润后才能进行混凝土浇捣。

d. 混凝土养护。混凝土浇捣终凝后，覆盖草包浇水养护，养护时间不少于14天。

e. 试块制作及养护。试块是所浇筑混凝土部位强度的重要依据，所以现场设置专职实验员，负责做好该项工作。

ⅰ. 试块制作数量应按规定留足，凡是因为工期或搭接要求而需提前拆模的，要做好拆模用的同条件养护的试块。

ⅱ. 试块制作要在浇筑的同时，随机抽样制作，要符合构件的实用性。

ⅲ. 试块养护分为两种情况，除拆模试块在工地同构件同条件养护外，其余一律送标准养护室养护。

ⅳ. 浇灌混凝土时应在施工日记中详细记录其浇灌位置、标高、构件名称、混凝土强度、配合比、浇灌时间、试块留置数量及振捣人员等。

f. 混凝土保证质量的技术措施。由项目经理部组成一个混凝土浇捣管理小组和施工生产专业队伍，负责混凝土施工全过程，确保混凝土浇捣顺利进行；严格把好原材料质量关，水泥、碎石、砂等要达到国家规范规定的标准；落实好各种材料的供应，责任到人，确保现场的正常施工；按规定要求批量制作混凝土试块，按R7、R28两个龄期试压；质量部门分三班巡回监督检查，发现质量问题，立即督促整改；混凝土浇捣必须连续进行，操作者、管理人员轮流交替用餐。

⑤ 回填土。基础工程完成后，报请有关部门进行基础分部工程验收。验收通过后方可进行回填土工作。根据设计要求基础回填土采用分层夯实的施工方法。

（3）砌体工程　本工程为砌毛石驳岸。

① 毛石墙砌筑前，应根据墙的位置及厚度，在基础顶面弹线，拉上基准线。

② 砌毛石墙应先盘角，再依墙角拉通线砌筑墙身。

③ 毛石墙应用大小不同的石料搭配使用，里外均匀，不得形成直缝、瞎缝、空缝、爬缝及咬接不实等现象。每层高度应控制在300～400mm。上下石块要相互错缝，内外搭接。

④ 砌筑挡土墙，应按设计要求收坡或收台，并设置泄水孔。

（4）地面施工　施工工艺流程为：基层施工→结合层施工→放线、挖掘→面层施工→道牙、边条、台阶施工→养护、验收完成。

① 园路基底施工。施工顺序为摊铺碎石→稳压→撒填充料→压实→铺撒细料→碾土。

具体操作工艺如下。

a. 摊铺虚厚为压实厚度的 1.1 倍左右。可用几块与虚厚度相等的方木或砖块放在路槽内，以标定摊铺厚度，木块或砖块随铺随挪动。摊铺碎石一次上齐。上料应使用铁叉，要求大小颗粒均匀分布。纵横断面符合要求，厚度一致。料底尘土要清理出去。

b. 稳压。先用蛙式打夯机夯实，速度宜慢，先沿整修过的路肩夯实往返两次，即开始自路面边缘压至中心，夯实一遍后，用路拱板及小线绳检验路拱及平整度。

c. 撒填充料。将细骨料或粗砂均匀撒在碎石上，用竹扫帚扫入碎石缝内，然后用喷壶均匀洒一次水。水流冲出的空隙再以砂或细骨料补充，至不再有空隙并露出碎石尖为止。

d. 压实。用蛙式打夯机夯实，速度宜快，夯实至表面平整稳定为止。

e. 混凝土基底。根据路面宽度，每边各增加 10cm，设置简易模板，固定。浇捣前原碎石路面洒水湿润，把混凝土摊铺均匀，用平板振动机振实。然后用木屑抹平打毛。施工完成后，养护 2～3 天。

② 园路面层施工。片块状材料作路面面层，在面层与路面基层之间所用的结合层做法有两种：一种是用湿性的水泥砂浆作为黏结材料；另一种是用干硬性的细砂、水泥砂浆作为结合材料或垫层材料。

a. 湿法铺筑。用 1：2.5 水泥砂浆垫在混凝土路面基层上作为结合层，然后在其上粘贴广场砖及小型块状面层。

b. 干性铺筑。铺干硬性水泥砂浆［一般配合比为 1：（2.5～3），以湿润松散、手握成团不泌水为准］结合层，虚铺厚度以 25～30mm 为宜，放上石板块时高出预定完成面 3～4mm 为宜，用铁抹子拍实抹平，然后进行石块预铺，并应对准纵横缝，用木锤着力敲击板中部，振实砂浆至铺设高度后，将石掀起，检查砂浆表面与石板底相吻合后（如有空虚处，应用砂浆填补），在砂浆表面均匀地浇一层浓水泥浆，把石板块对准铺贴。铺贴时四角要同时着落，再用木锤着力敲击至平整。

③ 自然石铺地。用自然形状石块作铺地表面所呈现的风格，与用红砖、水泥砖、瓷砖铺出的工整感觉不同。然而铺地时所用其他材料及施工步骤大致相同。自然石块的形状、大小完全不相同，因此编排时要下一番工夫，避免大的集中在一堆，小的在另一堆，而必须使大小石参差排列，才显得自然。

④ 道牙、边条、台阶施工。道牙基础宜与地床同时填挖碾压，以保证有整体的均匀密实度。结合层用 1：3 的水泥砂浆 2cm。安道牙要平稳牢固，后用 M10 水泥砂浆勾缝，道牙背后要用灰土夯实，其宽度为 20cm，密实度为 90% 以上。

边条用于较轻的荷载处，且尺寸较小，一般为 8cm 宽，15～20cm 高，特别适用于步行道、草地或铺砌场地的边界。施工时应减轻它作为垂直阻拦物的效果，增加它对地基的密封深度。

台阶是解决地形变化、造园地坪高差的重要手段。建造台阶除了必须考虑机能及实质的有关问题，也要考虑美观与调和的因素。基本条件是坚固耐用，耐湿耐晒。

台阶的标准构造是踢面高度为 8～15cm，长的台阶则宜取 10～12cm 为好；台阶的踏面宽度宜取 30cm；使用实践表明，台阶尺寸以 15cm×35cm 为佳，不宜小于 12cm×30cm。

⑤ 场地放线。按照广场设计图所绘施工坐标方格网，将所有坐标点测设到场地上并打桩定点。然后以坐标点为准，根据广场设计图，在场地地面上放出场地的边线、主要地面设施的范围线和挖方区、填方区之间的零点线。

（5）装饰施工方法　贴面（花岗石、文化石）的施工步骤：基层处理→穿铜丝与块板固定→绑扎、固定钢筋网→吊垂直、套方、找规矩弹线→安装花岗石→分层灌浆→擦缝。

① 安装花岗石。按部位安置石板并舒直铜丝，将石板就位，石板上口外仰，右手伸入石板背面，把石板下口铜丝绑扎在横筋上。把石板竖起，便可绑花岗石板上口铜丝，并用木楔子垫稳，块板与基层的缝隙一般为 3～5cm，用靠尺板检查调整木楔，再拴紧铜丝，依次向另一方进行。柱面可按顺时针方向安装，一般先从正面开始。第一层安装完毕再用靠尺板找垂直，水平尺找平整，方尺找阴阳角方正，在安装石板时如发现石板规格不准确或石板之间的空隙不符，应用铅皮垫牢，使石板之间缝隙均匀一致，并保持第一层石板上口的平直。镶贴完后，应及时贴纸保护，以保证不被污染。

② 构件工程。施工具体要求如下。

a. 石材应质地坚实、均匀、无风化、裂纹，色泽均匀、一致，所用石材原则上应来源于同一产石矿。

b. 石料加工前应仔细检查、观察石质，并对石材敲击鉴定，不得使用有隐残的石料和石料纹理走向与构件受力方向不符的石料。

c. 石料加工后表面应清洁，无缺棱、掉角。表面剁斧的石料斧印应顺直、均匀，深浅一致，无錾点，刮边宽度一致。

d. 石构件安装与衬里必须联结牢固。

e. 平面石构件接缝交叉应在构件长度的 1/4～1/2 处。细石料表面平整度不得大于 2mm。两石相接，接缝缝隙不得大于 2mm。

砌体工程的施工要点如下。

a. 砖的品种、标号、砂浆品种标号必须符合设计要求。为了保证砌块外观质量，砖砌块在卸下时不宜倾斜，尽量减少断砖。砂浆用砂采用中砂，砂浆必须按配合比拌制。砂浆试块至少制作一组。

b. 砌体的灰缝应横平竖直，砂浆必须饱满密实。砖砌体水平灰缝的砂浆饱满度不少于 80%。

c. 砌筑时，灰缝厚度一般为 10mm，不得小于 8mm，也不应大于 12mm。

d. 砌筑前，砖必须隔夜浇水湿润，含水率宜为 10%～15%。严禁干砖上墙，但对于雨后湿砖也应控制，避免影响砌筑质量。

e. 砌筑时要错缝搭接，砌墙采取一顺一丁形式，断砖不能集中砌筑，底皮和顶皮砖就采用丁砖砌。

f. 墙在 1.4m 砌筑高度以下部位应同时砌筑，上部不能同时砌筑而又必须留置的断处应砌成斜槎。

g. 砌体中的预埋拉结筋必须符合设计和规范要求：设置高度为 50cm（10 皮砖），伸入墙内 1m，两端加弯钩。

③ 池岸处理。池岸可和自然式叠石池崖相结合，砌筑时宜多用横石叠置，石缝内砂浆要灌足，反手石墙要粗。

（6）绿化工程

① 准备工作。

a. 清理场地。施工前应进行平整场地，清除施工区域内地面和地下所有障碍和受污染的土壤。

b. 选土。根据要求应选择含有机质的优质山泥表层土，土团松散，不含直径超过 5cm 的砾石、杂草、树根及其他影响植物生长的垃圾。

② 种植土回填。现场回填种植土原则上用人工进行铺填，按每 10m² 拌入两包泥炭和 0.5kg 复合肥，铺填时应有测量人员严格按图样标高、形状定点放线要求进行铺填，铺填厚度应考虑土壤沉降因素。

③ 选苗。根据招标文件工程量清单中各树种的规格、数量进行选苗。选苗数量要超过清单数量 10%。选苗应注意：乔木应选择主干挺直、树冠丰满不偏冠、生长旺盛、无病虫害、无寄生虫、无机械损伤，苗木分叉高度符合要求的；灌木和攀缘植物应选择生长良好，有较健壮的芽枝和根系，规格不小于规定的。

④ 起苗。一般常绿树木土球直径为树木胸径的 8 倍，土球的高度应根据苗木根系生长情况来决定。土球应及时选用麻布或草绳进行包扎，要打好腰箍。规格较大的土球，采用双层或多层反向网包扎，层层盖实拉紧，使之能经受吊装，运输时能保证土球不松散、不裂。

落叶树留根的长度也为胸径的 8 倍，树苗挖出后应立即在根部涂泥浆保湿，并用稻草或蛇皮袋进行包扎，减少水分蒸发。起苗时间和起苗数量应根据种植现场的指令进行，起挖的苗木做到当天起挖，当天运往工地，工地上应做到苗到即种，决不允许苗木在现场过夜。

⑤ 树木种植。

a. 挖掘种植穴。带土球的苗木种植穴直径应为种植树木胸径的 8～10 倍，裸根苗种植穴应为树木直径的 8 倍，通常还要放大 1/3。深度应比土球高度多 20cm，并将树穴底板土挖松 20cm，完工后应请监理验收签证。

b. 拌制种植土。乔木根据胸径大小每株用 0.5～1 包泥炭土、0.2～0.5kg

复合肥拌制；花灌木根据冠径大小每株用 0.25～0.5 包泥炭土、0.15～0.3kg 复合肥拌制；成片种小苗和草坪每 10m² 用 2 包泥炭土、0.5kg 复合肥拌制。

c. 树木种植。树木种植力求新鲜，要求随挖、随运、随种、随浇水，一天内完成。树根切断或受伤部位要用利器切削，并喷洒萘乙酸或其他生根剂。大树种植时，应严格按原生长方位种植，注意根据同一品种树木的不同树形来调整位置，使之与周围树木景观相协调。种植时树木土球和根系的包扎物应予清除。种植后分层填土，随填随捣实。填土高度达土球深度 2/3 时，浇足第一次定根水，水分渗透后，继续填土至地面时，再浇足第二次定根水至不再下渗为止。如土层出现下沉，应在第二天补填种植土，并浇水整平。

裸根树木种植，先将植株入穴，扶正后定好方向，按根系情况在穴内填适当厚度的种植土，舒展根系，均匀填土，再将树干稍上提抖动，左、右、前、后摇晃，确保树木根系与土壤充分接触，减少空隙，扶正后继续分层填土压实，沿树木穴外作养水围堰，浇足定根水，并在 3 天内再次浇水，并补填种植土。

树木种植时，注意掌握土球与地面的高度，一般在沉降后树木根茎略高于地表土 5cm，遇低洼积水的种植穴时要采取措施作排水处理后方可种植。

d. 支撑和缠杆。乔木胸径在 6cm 以上（含 6cm），均应采用扁担桩进行支撑。要求做到稳固并且美观规范，如支撑点的高度、跨度统一，材料保持统一。支撑与树木扎捆应用软材料，树干与支撑间应用衬垫，支撑后树干必须保持垂直。种植后乔木需缠干至分枝点，用草绳绑扎即可。缠干应整齐等距，成活一年后清除。

e. 修剪、整形。修剪时应根据树木成活的易难程度，最大限度地保留树冠树形，以既保持树木地下、地上平衡，又不损害树木特有的自然姿态为最佳。对大于 2cm 的剪口要进行防腐处理并进行封闭。对于作行道树的乔木，定干高度上的第一分枝以下的侧枝酌情疏剪或短剪分枝点以上的枝条。高大落叶乔木要保持原有树形，适当疏剪。常绿树种可剪除病虫枝、枯死枝、过密的轮生枝、下生枝，要求留强除弱，即留枝留梢，树形匀称，园艺效果好。对修剪后的枝条以及种植后产生的垃圾及时清运，保持种植场地的清洁卫生。

⑥ 草坪播种。

a. 土壤铺摊。铺摊时每 10m² 拌入泥炭土 2 包、复合肥 0.5kg，铺摊时应剔除直径 1cm 以上的砖石块和其他杂物。根据草坪地块的大小，应铺摊出一定的坡度，以便草坪排水。铺摊完工后，用 300kg 重的石滚子碾压两遍，避免养护时土层出现不均匀下沉，影响美观。待播种时再用专用耙子耙松 2cm。

b. 播种。选用出芽率高的新鲜种子，按设计要求的比例进行混播，浇透水后即用薄膜进行覆盖，促使发芽。出芽后发现缺苗应及时进行补种，确保草坪覆盖率超过 98%。

⑦ 养护管理措施。

a. 苗木养护管理。

ⅰ. 根据树种的特性进行适时、适量浇水，保持土壤湿润，以利树木成活生长。根据树木生长情况，结合浇水适时进行施肥，施肥应做到薄肥多施，及时适量。

ⅱ. 干、旱季度除进行正常根系浇水外，还需对树干和叶面进行喷水，喷水次数应根据气温决定，最少要早、晚各 1 次。

ⅲ. 在浇水过程中发现土壤板结，应及时松土，如缺土应及时培土，发现杂草及时清理。保持土壤疏松、透气、无杂草。

ⅳ. 明确专职植保人员对树木病虫害情况进行观察，贯彻"预防为主"的方针，一旦发现病虫害及时进行喷药，将病菌和虫害消灭于初发阶段。

ⅴ. 养护过程中应及时剪去徒长枝、病虫枝、下垂枝及枯烂枝条。风雨后发现倒伏苗木应立即扶正、填土捣实、支撑。

ⅵ. 发现苗木死亡应做好统计工作，及时进行补植。

b. 草坪养护。

ⅰ. 肥水管理。春秋两季是草坪的生长期，应充分浇水以保证生长。夏季气温高、蒸发量大，在无雨情况时，每周应浇 2～3 次透水，且浇水宜在清晨。

正确的施肥有利于草坪健壮生长，草坪生长期每月应施一次复合肥，其他季节根据草坪叶色酌情掌握。

ⅱ. 清除杂草。杂草是草坪的天敌，不但影响草坪的美观，甚至会造成草坪报废，所以应及时进行清理，除草应做到除早、除尽。不得发生杂草结籽下落，发生草荒。

ⅲ. 补植。草坪出现局部死亡和下沉，应及时进行填土和补植，保持草坪的平整和覆盖率。

ⅳ. 防治病虫害。应由专职人员对草坪进行观察和检查，发现病虫害及时喷药，做到预防为主、防治结合。

ⅴ. 修剪。草坪修剪应做到少量多次进行，雨天或露水未干时不得修剪，高度控制在 3～4cm，确保草坪生长健壮、整齐、美观。

3.4.7 质量管理体系与保证措施

(1) 质量目标

① 工程质量目标：国家优良。

② 各分项工程一次验收合格率为 100%。

③ 公司承诺普通苗木养护期为 2 年。

(2) 质量保证体系　根据工程特点及上述质量目标，采用 ISO 9001 质量认证体系，成立由公司技术负责人统一领导，项目经理负责，项目施工员、项目质检员具体实施，政府质监部门、业主监理监督，公司技术质量、材料设备和经营管理等部门配合监督检查的质量保证体系，为保证工程质量提供了可靠的组织保证，明确质量职责落实责任制，强化项目的质量管理工作。

（3）实现质量目标的管理办法

① 项目部的全体职工，牢固树立"质量第一"和"为顾客服务"的思想，特别是项目管理人员的质量意识尤为重要。

② 按照企业和项目的质量方针及质量目标开展质量管理工作，在横向展开到各个有关部门，纵向分解到每个作业点，做到纵向衔接，横向协调。

③ 实现质量管理业务标准化，管理流程程序化。明确规定出项目各个部门、各个环节的质量管理职能、职责、权限。

④ 建立综合的质量管理小组，以组织、计划、协调综合各部门的质量管理活动。同时要健全和完善相应的质量检查工作体系。

（4）实现质量目标的质量控制内容

① 严格工艺纪律，施工现场的生产工艺和操作规程，是操作者进行生产施工的依据和法规，任何人都必须严格执行。

② 掌握施工生产现场的质量动态，是指按照一定的要求，对质量状况进行综合统计与分析，及时掌握质量现状，发现质量问题，明确对策和方法。

③ 加强质量检验工作，充分发挥质量检验的重要作用，促使工程质量在管理状态下稳定与提高。

④ 建立质量管理点，在施工生产现场中，对需要重点控制的质量特性、工程关键部位或质量薄弱环节，在一定时期内、一定条件下强化管理，使工序处于良好的控制状态。

（5）质量预控　建立由项目施工员担任组长的质量管理小组。其成员由工程技术、物资设备、质量员、实验员以及各专业工种施工员和各专业工程质量员组成。每周进行一次质量管理小组全体人员会议。

（6）质量保证措施

① 基本要求。

a. 做好施工的技术交底和复核工作，对工程关键部位的施工要领和质量要求要进行交底。对于已完成的分部、分项工程，要及时进行验收。验收规范均按照我国现行施工技术验收规范与质量评定标准执行。

b. 各种材料均需具备符合验收规范与设计要求的保证文件，并做好现场材料的实验，随时准备接受业主、监理与设计师检验。

② 质量保证的两方面工作。

a. 质量目标意识。首先要树立高标准的质量意识，提高主要管理人员的审美观点，彻底丢掉不重视细部造型施工、质量不精细的弊病，找出本工程与众不同的高质量要求之处，向管理人员及操作工人进行质量和技术交底。

b. 全过程的质量控制。针对本工程面积大、施工工种多、配合要求高、施工班组多的现状，加强项目各级质量监督的力量，健全质保体系，对各工序施工进行全过程的质量控制。

③ 工程质量保证措施。

　　a. 施工准备工作。认真学习和会审图样，编制详细施工方案并进行交底。坚持专业检查与群众检查相结合，贯彻队（组）自检、互检、交接班检查，严格执行隐蔽工程验收。

　　b. 土方及基础工程。定位放线后会同质量部门复核验收轴线、标高及放线尺寸，并及时做好定位放线记录。基坑开挖后应检查深度、宽度，并办理好基础验槽手续。对基础钢筋绑扎进行验收，并做好隐蔽工程验收记录，模板支好后在浇灌前应复核查墙、柱的轴线位置、几何尺寸是否正确，然后才能浇灌。混凝土的浇灌必须用振捣器振捣密实，表面拍打抹平。浇灌结束后再一次复核轴线、标高，检查模板是否移位，以便及时纠正。

　　④ 建筑工程计量。所有丈量器具和测量仪器必须经计量单位检验合格，且在规定的有效使用年限内使用。

3.4.8　季节性施工措施

　　(1) 编制原则　公司承诺本工程施工工期为 60 日历天，做好季节性施工工作，对本工程的施工质量和施工进度及其他方面的工作都有着举足轻重的作用。故本组织设计将季节性施工措施作为重要内容进行布置，施工时必须遵照执行。

　　(2) 雨季施工技术措施

　　① 室外工程。充分做好现场排水沟等排水系统的检查，必要时增加排水设施以利泄水。

　　② 砌体工程。

　　a. 雨期砌筑砌体，应严格控制砂浆稠度。为保证墙体稳定，应适当降低砌筑高度。

　　b. 砌块在雨期必须集中堆放，不得浇水。砖湿度较大时不得砌筑。

　　c. 遇大雨须停工，砌砖收工时应在砖墙顶覆盖防雨材料，防止大雨冲刷灰浆。

　　d. 雨后继续施工，须复核已完工砌体的垂直度和标高。

　　③ 混凝土工程。

　　a. 混凝土浇筑前，要了解天气预报，尽量避开大雨施工。

　　b. 浇捣混凝土时，如恰逢下雨，应随雨量大小，随时测定砂石含水率，调整配合比。现场应准备足够的防雨应急材料（如油布、塑料薄膜），在振捣密实的同时铺设防水材料，避免混凝土遭受雨水冲刷，以保证混凝土质量。

　　c. 回填土应控制土料的含水率，其中不得含有淤泥、草皮等杂质。

　　d. 如在施工过程中突遇大暴雨，应增加施工人员配置，加强施工管理力量。确实无法施工时，可在监理、设计同意的情况下留设施工缝，并做好施工缝的处理工作。

　　④ 其他措施。

　　a. 现场电气设备要搭设防雨棚，电线要架空，接头要采用防水绝缘胶布包裹，避免触电事故发生。

b. 下雨后立即检查脚手架有无变形情况，若发生变形应及时采取加固办法，确保脚手架不下沉变形。

c. 雨天施工时，对有防雨、防潮要求的材料，应尽量堆放在地势较高的地方，并做好四周围挡、搭棚防雨及排水工作。

3.4.9　安全生产及文明施工保护措施

（1）安全生产保护措施

① 组织措施。

a. 坚决贯彻执行国家颁发的《建筑安装安全技术操作规程》等有关规定。

b. 每月初召开半小时安全生产会，奖励安全生产积极分子，批评不安全行为。

c. 切实做好现场施工管理工作，道路要平整、畅通、硬化，材料、构件应堆放平稳整齐。

d. 易燃易爆物工作间内严禁吸烟，并需设置消防器材。

e. 机电设备一律应设安全防护罩和接地接零，机具操作应由专人负责，并安装接触保护器，做到一机一闸一接触保护器，防止触电事故的发生。

f. 做好安全交底工作，加强安全监督检查。

g. 夜间施工应有足够的照明，并派跟班电工随同施工。

② 安全生产管理保证措施。

a. 建立以项目经理为组长、专职安全员为副组长和其他主要管理人员参加的项目施工安全生产领导小组，各作业层设兼职安全员，形成一个安全生产保证体系，赋予专职安全员"三权"，即罚款权、停工整改权、越级上告权。

b. 建立健全安全生产各项管理制度，加强施工现场的安全生产管理，严格执行奖罚制度。

c. 做好新工人入场"三级"教育和新设备、新工艺、交换工种安全教育，积极组织职工开展各种安全生产活动。努力提高全体员工安全意识和增强自我保护意识。

d. 建立健全各级安全生产责任制度，层层签订安全管理协议，做到安全生产横向到边，纵向到底，坚决执行上级"谁主管、谁负责"的安全生产管理原则，责任落实情况与月季度奖金挂钩，奖罚兑现。

e. 电工、电焊工、机械操作工等必须持证上岗，严禁无证违章操作。

f. 按上级规定，施工现场应张挂六牌一图的安全警示标志牌。

③ 施工机械（具）安全施工措施及有关规定。

a. 振捣器。

ⅰ. 使用前应先检查各部件的连接是否牢固，接线处绝缘是否可靠，运转方向是否正确。振捣器不得在地板、脚手架和干硬的地面上进行试振。

ⅱ.插入式振捣器软管的弯曲半径不得小于50cm，并不得多于两个弯。使用时应使振捣棒自然地垂直沉入混凝土中，不得使棒头全部插入混凝土中。

ⅲ.平板振捣器的电源线必须固定在平板上，电气开关应装在手把上，如用绳拖拉时，拉绳应干燥绝缘。

ⅳ.操作人员必须穿绝缘鞋，戴绝缘手套，作业后做好设备清洁保养工作。

b.木工机械。圆锯、平面刨（手压刨）等各种安全防护装置应齐全、灵敏可靠。凡长度小于50cm、厚度大于锯片半径的木料严禁使用圆锯裁割。

c.砂浆、混凝土搅拌机。

ⅰ.作业场地应有良好的排水条件，机械近旁有水源、地面硬化，搭设工作棚。

ⅱ.作业后，应及时将机内、水箱内、管道内的存料积水放尽，并清洁保养机械，清理工作场地，切断电源，锁好电箱。

ⅲ.作业前，空车运转，检查各工作装置的操作、制动、传动部位及防护装置，均应牢固可靠，确认正常，方可作业。

ⅳ.进料时，严禁将手伸入搅拌筒或用木棒在筒口清理砂浆。

ⅴ.作业中，如发生故障或突然停电不能继续运转时，应切断电源，才可将混凝土或灰浆清除干净，进行检修等工作。

④ 施工用电安全措施及有关规定。

a.编制临时用电施工组织设计或制订安全用电技术措施和电器防火措施。

b.临时用电工程必须由电工完成，电工等级应同工程难易程度和技术复杂性相适应。

c.在施工现场专用的中性点直接接地的电力线路中，必须采用TN-S接零保护系统。

d.当施工现场与外电线路共用同一供电系统时，电气设备应根据当地的要求作保护接零或作保护接地。

e.接地装置的接地体不得用铝导体，垂直接地体宜采用角钢、钢管或圆钢，不宜采用螺纹钢。

f.配电系统设置室内总配电屏和室外分配电箱，实行分级配电，动力配电与照明配电宜分别设置。

⑤ 消防安全措施。

a.由项目经理、生产副经理、安全员组成消防安全领导小组，具体负责实施工地防火安全工作。

b.施工现场必须实行动火申请制度。

c.酸碱泡沫灭火机由专人维修、保养，定期调换药剂，标明换药时间，确保灭火机效能正常。

d.施工中易燃易爆物（如汽油、涂料、氧气瓶、乙炔瓶等）等都必须按"规定"设置。建立危险品仓库，并规定严格的领用制度，危险品仓库应由专人看护。

e. 严禁在工地利用明火取暖；严禁使用煤油炉、电炉烧煮，如发现则严肃处理。施工现场严禁吸烟，木工仓库、危险品仓库区严禁烟火。

（2）文明施工保护措施

① 文明施工总体措施。

a. 本工程实行施工现场标准化管理，综合考虑工地的周围环境，场地大小、工程规模和各种主要材料的数量，合理布置施工平面。

b. 每月标准化领导小组组织部门、条线负责人对工地进行文明施工、场容场貌、生活卫生检查、打分评分，以有力地促进项目标准化工作达到要求。

② 场容场貌管理措施。

a. 工地实行围墙封闭施工，门卫制度齐全。

b. 施工现场设置安全宣传标语和警示牌。标牌内容齐全，规格规范统一。

c. 建筑材料划分区域，并堆放整齐、整洁、有序。

d. 施工场内的排水系统保持通畅，由专人负责保洁。

③ 文明建设措施。

a. 开展文明教育，施工人员均应遵守市民文明规范。

b. 加强班组建设，有三上岗一讲评的安全记录，有良好的班容班貌。项目部给施工班组提供一定的活动场所，提高班组整体素质。

c. 加强工地治安综合治理，做到目标管理、制度落实、责任到人。

d. 建立施工队伍的人员档案，签订治安防火协议，加强法制教育。

④ 强化工地卫生建设。

a. 工地临时设施区无积水。

b. 防止蚊蝇滋生，做到无污水外流或堵塞排水沟现象。定期定人疏通水沟沉淀池。

3.4.10　降本增效措施

（1）材料节约措施

① 堆料场地全部进行硬化处理，防止大堆材料及周转材料中扣件埋入土中。

② 严格材料的收发制度。

③ 加强现场操作人员材料节约的意识，每一施工段的用料实施限额进料、发料，并与任务单结账挂钩，奖节约，罚浪费。

④ 胶合板模板实行木工翻样配模，严格按翻样图配板下料，禁止随意乱裁乱剪。

⑤ 混凝土的浇筑应严格控制标高，防止超厚。

⑥ 砌筑工程操作过程中要认真排砖，尽量减少砖块裁剪造成的浪费，同时提高断砖的利用率。

⑦ 认真做到材料的随用随清，工完场清，及时回收下脚料。

⑧ 严格控制用水、用电量，避免水电资源浪费。

（2）强化经济核算

① 加强工程成本核算，开工前按施工组织设计要求编制计划成本（施工预算），以计划成本控制实际成本。

② 每一个工序开始前都要先开出任务单，严格控制材料、人工的投入量。

③ 对照每月的验工月报及材料耗用报表，及时进行经济活动分析，总结经验，做好信息反馈，以便及时找出盲点，采取相应的动态管理。

④ 正确填写各种台账，及时反映经济活动情况，进行动态管理。

（3）技术节约措施

① 积极推广新工艺、新技术，提倡主动推广应用行之有效的技术措施，达到节约降本的目的。

② 严格控制模板的几何尺寸，做到高、宽、厚三不超，墙、梁的侧模可考虑采用负误差，防止超体积，节约混凝土用量。留设拆模试块，尽早拆模，加快模板周转。

③ 合理划分施工段，提高周转材料的利用率，降低周转材料的投入量。

3.4.11 施工过程中的协调配合

（1）与业主间的协调配合

① 协助业主整理好竣工验收备案所需要的各种资料。

② 协助业主在工程竣工验收 7 个工作日前将验收的时间、地点及验收组名单书面通知负责监督本工程的质量监督站，并按程序做好竣工验收工作。

（2）与监理单位的协调配合　本工程建设监理单位对本工程的建设活动依法进行监理。监理是该工程建设进度、质量控制的监督和管理的行为主体，公司理应在施工过程中接受监理的监督和管理，围绕工程施工抓好进度、质量、成本控制，并做好与监理的各方面的协调、配合。

① 认真接受监理单位提出的监理意见，并在其意见指导下组织施工。

② 积极参加监理组织的各项监理活动，诸如工程质量、进度检查、分析、施工技术交底、施工协调等，及时准确地提交所需工程资料，完成工作量、统计资料及进度计划，施工组织方案等。

③ 按照工作程序进行工程施工过程中必需的报批手续。对施工存在的进度、技术、质量及费用等问题必须事先有报告，事中有检查，事后有汇报，决不先斩后奏，盲目施工。

④ 会同监理单位进行本工程创优设计，并围绕该目标进行实施方案操作，建立规范的管理程序，使工程围绕监理控制目标进行。

（3）与设计单位协调配合

① 认真熟悉图样，深刻领会设计意图，在此基础上认真做好设计交底工作。

② 虚心接受设计单位对工程施工的指导意见和建议，严格执行按图施工的

工作方法，不随意改动图样，改变设计意图。

③ 遇到施工中存在的问题，虚心请教设计单位及设计人员，并以书面的形式报告设计院，办理施工技术核定，决不自作主张，影响设计效果。

（4）施工环节总体协调配合措施

① 全体管理人员必须认真学习与业主签订的合同文本，全面理解和掌握合同文本规定的要求。

② 达到合同规定的施工承包范围内的工程质量、工期、安全、文明施工等要求。编制详细、完善的施工组织设计和专业工种施工方案。

③ 以总工期为依据，编制工程进度分阶段实施计划（施工准备计划，劳动力进场计划，施工材料、设备、机具进场计划，各专业工种进场计划等）。

④ 将合同的条款要求分解，明确各部门职责，使各专业工种的质量、工期、安全、文明施工等目标能有效保证项目目标的实现，确保工程如期完成。

Chapter

4

园林工程施工项目管理

4.1 施工项目管理概述

4.1.1 园林工程施工管理的任务

园林工程施工现场管理是园林施工单位在特定的园址，按设计图纸要求进行的实际施工的综合管理活动，是具体落实规划意图和设计内容的极其重要的手段。它的基本任务是根据园林建设项目的要求，依据已审批的技术图纸和施工方案，对现场全面组织，使劳动资源得到合理配置，保证园林建设项目按预定目标，优质、快速、低耗、安全地完成。

4.1.2 园林工程施工管理的作用

随着我国园林事业的不断发展和现代高科技、新材料的开发利用，使园林工程日趋综合化、复杂化和技术的现代化，因而对园林工程的科学组织及对现场施工科学管理是保证园林工程既符合景观质量要求又使成本最低的关键性内容，其重要意义表现在以下几方面。

（1）加强园林工程建设施工管理，是保证项目按计划顺利完成的重要条件，是在施工全过程中落实施工方案、遵循施工进度的基础。

（2）加强园林工程建设施工管理，能保证园林设计意图的实现，确保园林艺术通过工程手段充分表现出来。

（3）加强园林工程建设施工管理，能很好地组织劳动资源，适当调度劳动力，减少资源浪费，降低施工成本。

（4）加强园林工程建设施工管理，能及时发现施工过程中可能出现的问题，并通过相应的措施予以解决，保证工程质量。

（5）加强园林工程建设施工管理，能协调好各部门、各施工环节的关系，使工程不停工、不窝工，有条不紊地进行。

（6）加强园林工程建设施工管理，有利于劳动保护、劳动安全和开展技术竞赛，促进施工新技术的应用与发展。

（7）加强园林工程建设施工管理，能保证各种规章制度、生产责任、技术标准及劳动定额等得到遵循和落实，以使整个施工任务按质按量按时完成。

4.1.3　园林工程施工管理的主要内容

园林工程施工管理是一项综合性的管理活动，其主要内容如下。

（1）工程管理

即对整个工程的全面组织管理，包括前期工程及施工过程的管理，其关键是施工速度。它的重要环节有：做好施工前的各种准备工作；编制工程计划；确定合理工期；拟订确保工期和施工质量的技术措施；通过各种图表及详细的日程计划进行合理的工程管理，并把施工中可能出现的问题纳入工程计划内，做好必要的防范工作。

（2）质量管理

根据工程的质量特性决定质量标准。目的是保证施工产品的全优性，符合园林的景观及其他功能要求。根据质量标准对全过程进行质量检查监督，采用质量管理图及评价因子进行施工管理；对施工中所供应的物资材料要检查验收，搞好材料保管工作，确保质量。

（3）安全管理

搞好安全管理是保证工期顺利施工的重要环节之一。要建立相应的安全管理组织，拟订安全管理规范，制订安全技术措施，完善管理制度，做好施工全过程的安全监督工作，如发现问题应及时解决。

（4）成本管理

在工程施工管理中要有成本意识，加强预算管理，进行施工项目成本预算，制订施工成本计划，做好经济技术分析，严格施工成本控制。既要保证工期质量，符合工期，又要讲究目标管理效益。

（5）劳务管理

工程施工应注意施工队伍的建设，除必要的劳务合同、后勤保障外，还要做好劳动保险工作，加强职业技术培训，采取有竞争性的奖励制度，调动施工人员的积极性。要制订先进合理的劳动定额，优化劳动组合，严格劳动纪律，明确生产岗位职责，健全考核制度。

综上所述，施工管理包括了工程管理、质量管理、安全管理、成本管理和劳动管理。工程管理是宏观总体管理，由项目经理具体负责。质量管理、安全管理、成本管理和劳务管理是单项管理，质量管理由技术人员具体负责，安全管理由后勤人员具体负责，成本管理由营销、预算人员具体负责，劳务管理由项目工长具体负责。这五大管理应有机贯穿于整个项目的施工过程中，互相联系，互相补充，从而形成一个高质量、高效率、高速度的园林施工建设企业。

4.1.4 园林工程施工准备工作的实施

施工准备工作是保证工程顺利进行的重要一环，它直接影响工程施工进度、质量和经济效益，具体的准备工作应从以下几方面着手。

（1）熟悉设计图纸和掌握工地现状　施工前，应首先对园林设计图有总体的分析和了解，体会其设计意图，掌握设计手法，在此基础上进行施工现场勘查，对现场施工条件要有总体把握，哪些条件可充分利用，哪些必须清除，哪些属市政设施要加以注意等。

（2）做好工程事务工作　这主要是根据工程的具体要求，编制施工预算，落实工程承包合同，编制施工计划，绘制施工图表，制订施工规范、安全措施、技术责任制及管理条例等。

（3）准备工作

① 通过现场平面布置图，进行基准点（控制点）测量，确定工作区的范围，搞好四通一平，并对整个施工区作全面监控。

② 布置好各种临时设施，道路应作环状布置，职工生活及办公用房可沿周边布置，仓库应按需而设，做到最大限度降低临时性设施的投入。

③ 如需要占用其他类型的用地时，应做好协议工作，争取不占或少占其他用地。

④ 组织材料、机具进场。各种施工材料、机具等应由专人负责验收登记，做好按施工进度安排购料计划，进出库时要履行手续，认真记录，并保证用料规格质量。

⑤ 做好劳务的调配工作。应视实际的施工方式及进度计划合理组织劳动力，特别是采用平行施工或交叉施工时，更应重视劳动力调配，避免窝工浪费。

4.2 施工现场组织管理

4.2.1 园林工程施工作业计划的编制

施工作业计划是施工单位根据年度计划和季度计划，对其基层施工组织在特定时间内以月度施工计划的形式下达施工任务的一种管理方式。虽然下达的施工期限很短，但对保证年度计划的完成意义重大。

4.2.1.1　施工作业计划编制的依据

（1）相应的年度计划、季度计划。

（2）企业多年来基层施工管理的经验。

（3）国家及企业颁布的施工规范规程。

（4）上个月计划完成的状况。

（5）各种先进合理的定额指标。

（6）工程投标文件、施工承包合同和资金准备情况。

4.2.1.2　施工作业计划编制的方法

施工作业计划的编制因工程条件和施工单位的管理习惯不同而有所差异，计划的内容也有繁简之分。但一般都要有以下几方面内容。

（1）施工单位下达的年度计划及季度计划总表，表格样式见表 4-1、表 4-2。

表 4-1　××施工队××年度施工任务总表

项次	工程项目	分期工程	工程量	定额	计划用工/工日	进度	措施

表 4-2　××施工队××季度施工计划表

施工队名称	工程量	投资额	预算额	累计完成量	本季度计划工作量	形象进度	分月进度		
							月	月	月

（2）根据季度计划编制出月份工程计划总表，应将本月内完成的和未完成的工作量按计划形象进度形式填入表 4-3 之中。

表 4-3 ××施工队××年××月份工程计划总表

项次	工程名称	开工日期	计量单位	数量	工作量/万元	累计完成		本月计划形象进度	承包工作总量/万元	自行完成工作量	说明

（3）按月工程计划汇总表中的本月计划形象进度，确定各单项工程（或工序）的本月日程进度（表 4-4），用横道图表示，并求出用工总量。

表 4-4 ××施工队××年××月份施工日进度计划表

项目	建设单位	工程名称（或工序）	单位	本月计划完成量	用工量/工日			日程进度					
					A	B	小计	1	2	3	…	29	30

（4）利用施工日进度计划确定月份的劳动力计划，按园林工程项目填入表 4-5 中。

表 4-5 ××施工队××年××月份劳动力计划表

项次	工种	在册劳动力	园林工程项目													本月份计划		
			临时设施	平整土地	土方工程	基础工程	建筑工程	给排水	铺装工程	假山工程	喷泉工程	栽植工程	油饰工程	电气工程	收尾工程	合计工日	工作天数	剩余或缺天数

（5）综合月工程计划汇总表和施工日程进度表，制订必要的材料、机具的月计划表。表的格式参照表 4-4 和表 4-5，要注意将表右边的月进度改成日程进度。

计划编制时，应将法定休息日和节假日扣除，即每月的所有天数不能连算成工作日。另外还要注意雨天或冰冻等灾害性天气影响，适当留有余地，一般需留总工作天数的 5%～8%。

4.2.2　园林工程施工任务单的使用

施工任务单是由园林施工单位按季度施工计划给施工单位或施工队所属班组下达施工任务的一种管理方式。通过施工任务单，基层施工班组对施工任务和工程范围更加明确，对工程的工期、安全、质量、技术、节约等要求更能全面把握。这利于对工人进行考核，利于施工组织。

4.2.2.1　施工任务单的使用要求

（1）施工任务单的下达对象是施工班组或施工队，因此任务单所规定的任务、指标要明了具体，易掌握易落实。

（2）施工任务单的制订要以作业计划为依据，并要注意下达的对象和任务性质，要实事求是，符合基层作业。

（3）施工任务单中所拟定的质量、安全、工作要求、技术与节约措施应具体化、易操作。

（4）施工任务单工期以半月至一个月为宜，下达、回收要及时，班组的填报应细致认真，数据确凿。

4.2.2.2　施工任务单的主要内容

（1）工程范围　工程范围指下达任务中的工程项目，有时也采用工序或某工程部位。

（2）工程量　工程量即完成的控制指标数，多用万元为单位。

（3）时间定额和定额工日　时间定额是指完成所有工作量所需的天数，也称工期；定额工日则是按劳动定额指标所确定的完成所有工作量必需的时间，用工日表示。

（4）每工产值　通过定额工日与工程量比较可确定每工产值。

（5）实际用工　完成该项目或工序实际的时间消耗，用工日表示。实际用工一般要求小于定额用工，以控制施工成本。

（6）生产效率　生产效率是说明劳动生产力的指标，由定额用工除以实际用工，用百分比表示。实际用工愈少，工效愈高。

（7）质量、安全、技术、节约要求及措施　质量、安全、技术、节约要求及措施是施工任务单的重要内容，必不可少。详见表 4-6。

表 4-6 施工任务单

第××施工队××组

工 期		开 工		竣 工		天 数	
计划							
实际							

任务书编号＿＿＿工地名称＿＿＿工程（工序）名称＿＿＿签发时间＿＿＿年＿＿＿月＿＿＿日

定额编号	工程项目	计量单位	计划				实际			对工程质量安全要求、技术、节约措施		验收意见
			工程量	时间定额	每工产值	定额工日	工程量	定额工日	实际用工			
										生产效率	定额用工	
											实际用工	
合计											工作效率	

4.2.2.3 施工任务单的执行

基层班组接到任务单后，要详细分析任务要求，了解工程范围，做好实地调查工作。同时，班组负责人要召集施工人员，讲解任务单中规定的主要指标及各种安全、质量、技术措施，明确具体任务。在施工中要经常检查、监督，对出现的问题要及时汇报并采取应急措施。各种原始数据和资料要认真记录和积累，为工程完工验收做好准备。

4.2.3 园林工程施工平面图管理

施工平面图管理是指根据施工现场平面布置图对施工现场水平工作面的全面控制活动，其目的是充分发挥施工场地的工作面特性，合理组织劳动资源，按进度计划有序施工。园林工程施工范围广、工序多、工作面分散，要求做好施工平面的管理。也只有这样，才能统筹全局，照顾到各施工点，进行资源的合理配置，发挥机具的效率，保证工程施工的快速优质低耗，达到施工管理的目的。为此，应做到以下几点。

（1）现场平面布置图是施工总平面图管理的依据，应认真予以落实。

（2）如果在实际工作中发现现场平面布置图有不符合现场的情况，要根据具体的施工条件提出修改意见，但均以不影响施工进度、施工质量为原则。

（3）平面管理的实质是水平工作面的合理组织。因此，要视施工进度、材料供应、季节条件以及原来景观特点做出劳动力安排，争取缩短工期。

（4）在现有的游览景区内施工，要注意园内的秩序和环境。材料堆放、运输应有一定的限制，避免景区混乱。

（5）平面管理要注意灵活性与机动性。对不同的工序或不同的施工阶段要采取相应的措施，例如夜间施工可调整供电线路，雨季施工要组织临时排水，突击施工要增加劳动力等。

（6）平面管理和高架作业管理一样，都必须重视生产安全。施工人员要有足够的工作面，注意检查、掌握现场动态，消除安全隐患，加强消防意识，确保施工安全。

4.2.4　园林工程施工过程中的检查

园林设施多是游人直接使用和接触的，不能存在丝毫隐患。为此，应重视施工过程中的检查与监督工作，要把它视为确保工程质量必不可少的环节，并贯穿于整个施工过程中。

4.2.4.1　检查的种类

根据检查的对象不同可将检查分为材料检查和中间作业检查两类。材料检查是对施工所需的材料、设备质量及数量的确认记录；中间作业检查是施工过程中作业结果的检查验收，分施工阶段检查和隐蔽工程验收两种。

4.2.4.2　检查的方法

（1）材料检查　对于设计图纸中要求的所有材料必须按规定接受检查。接受检查时，要出示检查申请、材料入库记录、抽样指定申请、试验填报表及证明书等。具体应注意如下几点。

① 物资采购要合乎国家技术质量标准要求，不得购买假冒伪劣产品及材料。

② 所购材料必须有合格证书、质量检验证书、厂家名称和有效使用期限等。

③ 做好材料进出库的检查登记工作。要派有经验的人员做仓库保管员，搞好验收、保管、发放及清点工作，做到"三把关，四拒收"（把好质量关、数量关、单据关；拒收凭证不全、手续不整、数量不符、质量不合格的材料）。

④ 绿化用植物材料要根据苗木质量标准检查验收，保证成活率，减少后期补植。

⑤ 检查员要履行职责，认真填报检查表格，数据要实事求是，做好造册存档，严禁弄虚作假。

（2）中间作业检查　这是工程竣工前对各工序施工状况的检查，应做好以下几点。

① 对一般的工序可按日或施工阶段进行质量检查。检查时，要准备好合同及施工说明书、施工图、施工现场照片、各种证明材料和试验结果等。

② 园林景观的外貌是重要的评价标准，应对其外观加以检验。主要通过形状、尺寸、质地、重量等评定判断，看是否达到质量标准。

③ 对园林绿化材料的检查，要以成活率及生长状况为主，进行多次检查。对隐蔽性工程，例如基础工程、管网工程，要及时申请检查验收，验收合格方可进行下道工序。

④ 在检查中如发现问题，应尽快提出处理意见。需返工的确定返工期限，需修整的制订必要的技术措施，并将具体内容登记入册。

4.2.5　园林工程施工调度工作

施工调度是保证合理工作面上的资源优化，有效地使用机械、合理组织劳动力的一种施工管理手段。其中心任务是通过劳动力的科学组织，使各工作面发挥最高的工作效率。调度的基本要求是平均合理，保证重点，兼顾全局。调度的方法是积累和取平。

进行施工合理调度是一个十分重要的管理环节，在实际工作中以下几点应予以重视。

（1）为减少频繁的劳动资源调配，施工组织设计必须切合实际，科学管理。

（2）施工调度着重于劳动力及机械设备的调配，应对劳动力技术水平、操作能力及机械性能效率等有准确的把握。

（3）施工调度时要确保关键工序的施工，不得抽调关键线路的施工力量。

（4）施工调度要密切配合时间进度，结合具体的施工条件，因地制宜，做到时间与空间的优化组合。

（5）调度工作要具有及时性、准确性、预防性。

4.3　施工项目合同管理

4.3.1　园林工程施工合同的签订

4.3.1.1　签订施工合同的原则和条件

（1）施工合同签订的原则　订立施工合同的原则是指贯穿于订立施工合同的整个过程，对承发包方签订合同起指导和规范作用的、双方应遵循的准则。施工合同签订主要有以下原则。

① 合法原则。订立施工合同要严格执行《建设工程施工合同（示范文本）》，通过《中华人民共和国合同法》《中华人民共和国建筑法》与《中华人民共和国环境保护法》等法律法规来规范双方的权利义务关系。唯有合法，施工合同才具有法律效力。

② 平等自愿、协商一致的原则。主体双方均依法享有自愿订立施工合同的权利。在自愿、平等的基础上，承发包方要就协议内容认真商讨，充分发表意见，为合同的全面履行打下基础。

③ 公平、诚实信用的原则。施工合同是双务合同，双方均享有合同确定的权利，也承担相应的义务，不得只注重享有权利而对义务不负责任，这有失公平。在合同签订中，要诚实守信，当事人应实事求是地向对方介绍自己订立合同的条件、要求和履约能力；在拟定合同条款时，要充分考虑对方的合法利益和实际困难，以善意的方式设定合同的权利和义务。

④ 过错责任原则。合同中除规定的权利义务，必须明确违约责任，必要时，还要注明仲裁条款。

（2）订立施工合同应具备的条件

① 工程立项及设计概算已得到批准。

② 工程项目已列入国家或地方年度建设计划。附属绿地也已纳入单位年度建设计划。

③ 施工需要的设计文件和有关技术资料已准备充分。

④ 建设资料、建设材料、施工设备已经落实。

⑤ 招标投标的工程，中标文件已经下达。

⑥ 施工现场条件，即"四通一平"，已准备就绪。

⑦ 合同主体双方符合法律规定，并均有履行合同的能力。

4.3.1.2　园林工程施工合同签订的程序

工程合同签订的程序一般分为要约和承诺两个阶段。

要约是希望和他人订立合同的意思表示，提出要约的一方为要约人，接受要约的一方为被要约人。要约方应列出合同的主要条款，并在要约说明中明确承诺方答复的期限。要约具有法律约束力，必须具备合同的一般条款。

承诺是受要约人做出的同意要约的意思表示，必须是在承诺期限内发出。表明受约人完全同意对方的合同条件，如果受要约方对要约方的合同条件不是全部同意，就不算是承诺。

有时要保证一份工程合同的成立，甲乙双方经过多次的要约是常有的，工程承包合同必须签订后才生效。

4.3.1.3　园林工程施工承包合同的示范文本

合同文本格式是指合同的形式文件，主要有填空式文本、提纲式文本、合同条件式文本和合同条件加协议条款式文本。我国为了加强建设工程施工合同的管理，借鉴国际通用的 FIDIC《土木工程施工合同条件》，制定颁布了建设工程施工合同示范文本，该文本采用合同条件式文本。它是由协议书、通用条款、专用条款三部分组成，并附有 3 个附件：承包人承揽工程一览表、发包人供应材料设备一览表及工程质量保修书。实际工作中必须严格按照这个示范文本执行。

（1）协议书　协议书是施工合同的总纲性法律文件，经过双方当事人签字盖章后合同即成立。标准化的协议书格式文字量不大，需要结合承包工程特点填写约定，主要内容包括工程概况、工程承包范围、合同工期、质量标准、合同价款、合同生效时间，并明确对双方有约束力的合同文件组成。

（2）通用条款　通用条款在广泛总结国内工程实施成功经验和失败教训的基础上，参考 FIDIC《土木工程施工合同条件》相关内容的规定，编制的规范承发包双方履行合同义务的标准化条款。通用条件包括：词语定义及合同文件；双方一般权利和义务；施工组织设计和工期；质量与检验；安全施工；合同价款与支付；材料设备供应；工程变更；竣工验收与结算；违约、索赔和争议；其他共11部分，47个条款。《通用条款》适用于各类建设工程施工的条款，在使用时不作任何改动。

（3）专用条款 由于具体实施工程项目的工作内容各不相同。施工现场和外部环境条件各异，因此还必须有反映招标工程具体特点和要求的专用条款的约定。示范文本中的专用条款部分是结合具体工程双方约定的条款，为当事人提供了编制具体合同时应包括内容的指南，具体内容由当事人根据发包工程的实际要求细化。专用条款是对通用条款的补充、修改或具体化。

具有工程项目编制专用条款的原则是结合项目的特点，针对通用条款的内容进行补充或修正，达到相同序号的通用条款和专用条款，共同组成对某一方面问题内容完备的约定。因此专用条款的序号不必依次排列，通用条件已构成完善的部分不需要重复抄录，只按对通用条款部分需要补充、细化甚至弃用的条款作相应说明，按照通用条款对该问题的编号顺序排列即可。

根据合同协议格式，一份标准的施工合同由四部分组成。

（1）合同标题 写明合同的名称，如××公园仿古建筑施工合同、××小区绿化工程施工承包合同。

（2）合同序文 包括承发包方名称、合同编号和签订本合同的主要法律依据。

（3）合同正文 合同正文是合同的重点部分，由以下内容组成。

① 工程概况。包括工程名称、工程地点、建设目的、立项批文、工程项目一览表。

② 工程范围。即承包人进行施工的工作范围，它实际上是界定施工合同的标的，是施工合同的必备条款。

③ 建设工期。建设工期指承包人完成施工任务的期限，明确开、竣工日期。

④ 工程质量。工程质量指工程的等级要求，是施工合同的核心内容。工程质量一般通过设计图纸、施工说明书及施工技术标准加以确定，是施工合同的必备条款。

⑤ 工程造价。这是当事人根据工程质量要求与工程的概预算确定的工程费用。

⑥ 各种技术资料交付时间：指设计文件、概预算和相关技术资料。

⑦ 材料、设备的供应方式。

⑧ 工程款支付方式与结算方法。

⑨ 双方相互协作事项与合理化建议。

⑩ 注明质量保修（养）范围、质量保修（养）期。

⑪ 工程竣工验收。竣工验收条款常包括验收的范围和内容、验收的标准和依据、验收人员的组成、验收方式和日期等。

⑫ 违约责任、合同纠纷与仲裁条款。

（4）合同结尾　注明合同份数，存留与生效方式；签订日期、地点、法人代表；合同公证单位；合同未尽事项或补充条款；合同应有的附件。

4.3.1.4　格式条款和缔约过失责任

（1）格式条款　格式条款又被称为标准条款，是指当事人为了重复使用而预先拟定，并在订立合同时未与对方协商即采用的条款。在合同中，可以是合同的部分条款为格式条款，也可以是合同的所有条款为格式条款。

值得注意的是合同的格式条款提供人往往利用自己的有利地位，常加入一些不公平、不合理的内容。因此，很多国家立法都对格式条款提供人进行一定的限制。提供格式条款的一方应当遵循公平的原则确定当事人之间的权利义务联系，并采取合理的方式提请对方注意免除或限制其责任的条款，按照对方的要求，对该条款予以说明。提供格式条款一方免除其责任、加重对方责任、排除对方主要权利的，该条款无效。

对格式条款的理解发生争议的，应当按照通常的理解予以解释，对格式条款有两种以上解释的，应当作出不利于提供格式条款的一方的解释。在格式条款与非格式条款不一致时，应当采用非格式条款。

在现代经济生活中，格式条款适应了社会化大生产的需要，提高了交易效率，在日常工作和生活中随处可见。现在园林工程使用格式条款也多了起来。

（2）缔约过失责任　缔约过失责任既不同于违约责任，也有别于侵权责任，是一种独立的责任。它是指在合同缔结过程中，当事人一方或双方因自己的过失而致使合同不成立、无效或被撤销，应对信赖其合同为有效成立的相对人赔偿基于此项信赖而发生的损害。在园林绿化工程中确实存在由于过失给当事人造成损失、但合同尚未成立的情况。缔约过失责任的规定能够解决这种情况的责任承担问题。

缔约过失责任是针对合同尚未成立应当承担的责任，其成立必须具备一定的条件。缔约过失责任包括缔约一方受有损失，损害事实是构成民事赔偿责任的首要条件，如果没有损害事实的存在，也就不存在损害赔偿责任；违反先合同义务主要是承担缔约过失责任方应当有过错，包括故意行为和过失行为导致的后果责任；合同尚未成立，这是缔约过失责任有别于违约责任的最重要原因。

合同一旦成立，当事人应当承担的是违约责任或者合同无效的法律责任。

4.3.2　园林工程施工准备阶段的合同管理

4.3.2.1　施工前的有关准备工作

（1）图纸的准备　我国目前的园林绿化工程项目通常由发包人委托设计单位负责，在工程准备阶段应完成施工图设计文件的审查。发包人应免费按专用条款约定的份数供应承包人图纸。施工图纸的提供只要符合专用条款的约定，不影响承包人按时开工即可。具体来说，施工图纸应在合同约定的日期前发放给承包人，可以一次提供，也可在各单位工程开始施工前分阶段提供，以保证承包人及时编制施工进度计划和组织施工。

有些情况下，如果承包人具有设计资质和能力，享有专利权的施工技术，在承包工作范围内，可以由其完成部分施工图的设计，或由其委托设计分包人完成。但应在合同约定的时间内将按规定的审查程序批准的设计文件提交审核，经过签认后使用，注意不能解除承包人的设计责任。

（2）施工进度计划　园林工程的施工组织，一般招标阶段由承包人在投标书内提交的施工方案或施工组织设计的深度相对较浅，签订合同后应对工程的施工做更深入的了解，可通过对现场的进一步考察和工程交底，完善施工组织设计和施工进度计划。有些大型工程采取分阶段施工，承包人可按照合同的要求、发包人提供的图纸及有关资料的时间，按不同标段编制进度计划。施工组织设计和施工进度计划应提交发包人或委托的监理工程师确认，对已认可的施工组织设计和工程进度计划本身的缺陷不免除承包人应承担的责任。

（3）其他各项准备工作　开工前，合同双方还应当做好其他各项准备工作。如发包人应当按照专用条款的规定使施工现场具备施工条件、开通施工现场公共道路，承包人应当做好施工人员和设备的调配工作。

4.3.2.2　延期开工与工程的分包

为了保证在合理工期内及时竣工，承包人应按专用条款约定的时间开工。有时在工程的准备工作不具备开工条件的情况下，则不能盲目开工，对于延期开工的责任应按合同的约定区分。如果工程需要分包，也应明确相应的责任。

（1）延期开工　因发包人的原因施工现场尚不具备施工的条件，影响了承包人不能按照协议书约定的日期开工时，发包人应以书面形式通知承包人推迟开工日期。发包人应当赔偿承包人因此造成的损失，相应顺延工期。

承包人不能按时开工，应在不迟于协议书约定的开工日期前 7 天，以书面形式提出延期开工的理由和要求。延期开工申请受理后的 48 小时内未予答复，视为同意承包人的要求，工期相应顺延；如果不同意延期要求，工期不予顺延。如果承包人未在规定时间内提出延期开工要求，工期也不予顺延。

（2）工程的分包　施工合同范本的通用条件规定，未经发包人同意，承包人不得将承包工程的任何部分分包；工程分包不能解除承包人的任何责任和义务。一般发包人在合同管理过程中对工程分包要进行严格控制。

多数情况下，承包人可能出于自身能力考虑，将部分自己没有实施资质的特殊专业工程和部分较简单的工作内容分包。有些已在承包人投标书内的分包计划中发包人通过接受投标书表示了认可，有些在施工合同履行过程中承包人又根据实际情况提出分包要求，则需要经过发包人的书面同意。注意主体工程的施工任务，主要工程量发包人是不允许分包的，必须由承包人完成。

对分包的工程，都涉及两个合同，一个是发包人与承包人签订的施工合同，另一个是承包人与分包人签订的分包合同。按合同的有关规定，一方面工程的分包不解除承包人对发包人应承担在该分包工程部位施工的合同义务；另一方面为了保证分包合同的顺利履行，发包人未经承包人同意，不得以任何形式向分包人支付各种工程款，分包人完成施工任务的报酬只能依据分包合同由承包人支付。

4.3.3 园林工程施工过程的合同管理

4.3.3.1 对材料和设备的质量控制

在园林工程施工过程中，为了确保工程项目的施工质量，满足施工合同的要求，首先应从使用的材料和设备的质量控制入手。

(1) 材料设备的到货检验 园林工程项目使用的建筑材料、植物材料和设备按照专用条款约定的采购供应责任，一般由承包人负责，也可以由发包人提供全部或部分材料和设备。

① 承包人采购的材料设备。

a. 承包人负责采购的材料设备，应按照合同专用条款约定及设计要求和有关标准采购，并提供产品合格证明，对材料设备质量负责。

b. 承包人在材料设备到货前24小时应通知发包方共同进行到货清点。

c. 承包人采购的材料设备与设计或标准要求不符时，承包人应在发包方要求的时间内运出施工现场，重新采购符合要求的产品，承担由此发生的费用，延误的工期不予顺延。

② 发包人供应的材料设备。发包人应按照专用条款的材料设备供应一览表，按时、按质、按量将采购的材料和设备运抵施工现场，发包人在其所供应的材料设备到货前24小时，应以书面形式通知承包人，由承包人派人与发包人共同清点。发包人供应的材料设备与约定不符时，应当由发包人承担有关责任。视具体情况不同，按照以下原则处理。

a. 材料设备单价与合同约定不符时，由发包人承担所有差价。

b. 材料设备种类、规格、型号、数量、质量等级与合同约定不符时，承包人可以拒绝接收保管，由发包人运出施工场地并重新采购。

c. 发包人供应材料的规格、型号与合同约定不符时，承包人可以代为调剂串换，发包方承担相应的费用。

d. 到货地点与合同约定不符时，发包人负责运至合同约定的地点。

e. 供应数量少于合同约定的数量时，发包人将数量补齐；多于合同约定的数量时，发包人负责将多出部分运出施工场地。

f. 到货时间早于合同约定时间，发包人承担因此发生的保管费用；到货时间迟于合同约定的供应时间，由发包人承担相应的追加合同价款。发生延误，相应顺延工期，发包人赔偿由此给承包人造成的损失。

(2) 材料和设备的使用前检验 为了防止材料和设备在现场储存时间过长或保管不善而导致质量的降低，应在用于永久工程施工前进行必要的检查、试验。关于材料设备方面的合同责任如下。

① 发包人供应材料设备。按照合同对质量责任的约定，发包人供应的材料设备进入施工现场后需要在使用前检验或者试验的，由承包人负责检查试验，费用由发包人负责。此次检查试验通过后，仍不能解除发包人供应材料设备存在的质量缺陷责任。也就是说承包人在对材料设备检验通过之后，如果又发现有质量问题时，发包人仍应承担重新采购及拆除重建的追加合同价款，并相应顺延由此延误的工期。

② 承包人负责采购的材料和设备。按合同的有关约定：由承包人采购的材料设备，发包人不得指定生产厂或供应商；采购的材料设备在使用前，承包人应按发包方的要求进行检验或试验，不合格的不得使用，检验或试验费用由承包人承担；发包方发现承包人采购并使用不符合设计或标准要求的材料设备时，应要求由承包人负责修复、拆除或重新采购，并承担发生的费用，由此延误的工期不予顺延；承包人需要使用代用材料时，应经发包方认可后才能使用，由此增减的合同价款双方以书面形式议定。

4.3.3.2 对施工质量的管理

工程施工的质量应达到合同约定的标准，这是园林工程施工质量管理的最基本要求。在施工过程中加强检查，对不符合质量标准的应及时返工。承包人应认真按照标准、规范和设计要求以及发包方依据合同发出的指令施工，随时接受发包方及其委派人员的检查、检验，并为检查检验提供便利条件。有关施工质量的合同管理责任分述如下。

（1）承包人承担的责任　因承包人的原因达不到约定标准，由承包人承担返工费用，工期不予顺延。

① 工程质量达不到约定标准的部分，发包方一经发现，可要求承包人拆除和重新施工，承包人应按发包方及其委派人员的要求拆除和重新施工，承担由于自身原因导致拆除和重新施工的费用，工期不予顺延。

② 经过发包方检查检验合格后又发现因承包人原因出现的质量问题，仍由承包人承担责任，赔偿发包人的直接损失，工期不应顺延。

③ 检查检验不合格时，影响正常施工的费用由承包人承担，工期不予顺延。

（2）发包人承担的责任　因发包人的原因达不到约定标准，由发包人承担返工的追加合同价款，工期相应顺延。

① 发包人对部分或者全部工程质量有特殊要求的，应支付由此增加的追加合同价款，对工期有影响的应给予相应顺延。

② 影响正常施工的追加合同价款由发包人承担，相应顺延工期。因发包人指令失误和其他非承包人原因发生的追加合同价款，由发包人承担。

③ 双方均有责任的，由双方根据其责任分别承担。因双方原因达不到约定标准，责任由双方分别承担。如果双方对工程质量有争议，由专用条款约定的工程质量监督部门鉴定，所需费用及因此造成的损失，由责任方承担。

4.3.3.3 对设计变更的管理

工程施工中经常发生设计变更，施工合同范本中对设计变更在通用条款中有较详细的规定。

（1）发包人要求的设计变更 施工中发包人需对原工程设计进行变更的，应不迟于变更前 14 天以书面形式向承包人发出变更通知。变更超过原设计标准或批准的建设规模时，发包人应报规划管理部门和其他有关部门重新审查批准，并由原设计单位提供变更的相应图纸和说明。因设计变更导致合同价款的增减及造成的承包人损失由发包人承担，延误的工期相应顺延。

（2）承包人要求的设计变更 承包人应当严格按照图纸施工，不得随意变更设计。施工中承包人提出合理化建议涉及对设计图纸或者施工组织设计的更改及对原材料、设备的更换，需经工程师同意。工程师同意变更后，也需经原规划管理部门和其他有关部门审查批准，并由原设计单位提供变更相应的图纸和说明。承包人未经工程师同意擅自更改或换用时，由承包人承担由此发生的费用，赔偿发包人的有关损失，延误的工期不予顺延。

（3）确定设计变更后合同价款 确定变更价款时，应维持承包人投标报价单内的竞争性水平。应采用以下原则。

① 合同中已有适用于变更工程的价格，按合同已有的价格变更合同价款。

② 合同中只有类似于变更工程的价格，可以参照类似价格变更合同价款。

③ 合同中没有适用或类似于变更工程的价格，由承包人提出适当的变更价格，经发包人确认后执行。

4.3.3.4 施工进度管理

施工阶段的合同管理，就是确保施工工作按进度计划执行，施工任务在规定的合同工期内完成。实际施工过程中，由于受到外界环境条件、人为条件、现场情况等的限制，经常出现与承包人开工前编制施工进度计划时预计的施工条件有出入的情况，导致实际施工进度与计划进度不符。此时的合同管理就显得特别重要，对暂停施工与工期延误的有关责任应准确把握，并做好修改进度计划和后续施工的协调管理工作。

（1）暂停施工 在施工过程中，有些情况会导致暂停施工。停工责任在发包人，由发包人承担所发生的追加合同价款，赔偿承包人由此造成的损失，相应顺延工期；如果停工责任在承包人，由承包人承担发生的费用，工期不予顺延。

由于发包人不能按时支付的暂停施工，施工合同范本通用条款中对以下两种情况，给予了承包人暂时停工的权利。

① 延误支付预付款。发包人不按时支付预付款，承包人在约定时间 7 天后向发包人发出预付通知。发包人收到通知后仍不能按要求预付，承包人可在发出通知后 7 天停止施工。发包人应从约定应付之日起，向承包人支付应付款的贷款利息。

② 拖欠工程进度款。发包人不按合同规定及时向承包人支付工程进度款且双方又未达成延期付款协议时，导致施工无法进行。承包人可以停止施工，由发包人承担违约责任。

（2）工期延误　施工过程中，由于社会环境及自然条件、人为情况和管理水平等因素的影响，工期延误经常发生，可能导致不能按时竣工。这时承包人应依据合同责任来判定是否应要求合理延长工期。按照施工合同范本通用条件的规定，由以下原因造成的工期延误，经确认后工期可相应顺延。

① 发包人不能按专用条款的约定提供开工条件。

② 发包人不能按约定日期支付工程预付款、进度款，致使工程不能正常进行。

③ 发包人不能按合同约定提供所需指令、批准等，致使施工不能正常进行。

④ 设计变更和工程量增加。

⑤ 一周内非承包人原因停水、停电、停气造成停工累计超过 8 小时。

⑥ 不可抗力。

⑦ 专用条款中约定或发包人同意工期顺延的其他情况。

（3）发包人要求提前竣工　承包人对工程施工中发包人要求提前竣工时，双方应充分协商，达成一致。对签订的提前竣工协议，应作为合同文件的组成部分。提前竣工协议应包括以下几方面的内容。

① 提前竣工的时间。

② 发包人为赶工应提供的方便条件。

③ 承包人在保证工程质量和安全的前提下，可能采取的赶工措施。

④ 提前竣工所需的追加合同价款等。

4.3.3.5　施工环境管理

施工环境管理是指施工现场的正常施工工作应符合行政法规和合同的要求，做到文明施工。施工环境管理应做到遵守法规对环境的要求，保持现场的整洁，重视施工安全。

施工应遵守政府有关主管部门对施工场地、施工噪声以及环境保护和安全生产等的管理规定。承包人按规定办理有关手续，并以书面形式通知发包人，发包人承担由此发生的费用。承包人应保证施工场地清洁，符合环境卫生管理的有关规定。交工前清理现场，达到专用条款约定的要求。

承包人应遵守安全生产的有关规定，严格按安全标准组织施工，采取必要的安全防护措施，消除事故隐患。因承包人采取安全措施不力造成事故的责任和因此发生的费用，由承包人承担。发包人应对其在施工场地的工作人员进行安全教育，并对他们的安全负责。发包人不得要求承包人违反安全管理规定进行施工。因发包人原因导致的安全事故，由发包人承担相应责任及发生的费用。

承包人在动力设备、输电线路、地下管道、易燃易爆地段以及临街交通要道附近施工时，施工开始前应有安全防护措施。安全防护费用由发包人承担。

4.3.4 园林工程竣工阶段的合同管理

4.3.4.1 竣工验收

工程验收是合同履行中的一个重要工作阶段，竣工验收可以是整体工程竣工验收，也可以是分项工程竣工验收，具体应按施工合同约定进行。

（1）竣工验收需满足的条件 依据施工合同范本通用条款和法规的规定，竣工工程必须符合下列基本要求。

① 完成工程设计和合同约定的各项内容。

② 施工单位在工程完工后对工程质量进行了检查，确认工程质量符合有关工程建设强制性标准，符合设计文件及合同要求，并提出工程竣工报告。工程竣工报告应经项目经理和施工单位有关负责人审核签字。

③ 对于委托监理的工程项目，监理单位对工程进行了质量评价，具有完整的监理资料，并提出工程质量评价报告。工程质量评价报告应经总监理工程师和监理单位有关负责人审核签字。

④ 勘查、设计单位对勘查、设计文件及施工过程中由设计单位签署的设计变更通知书进行了确认。

⑤ 有完整的技术档案和施工管理资料。

⑥ 有工程使用的植物检验检疫证明、主要建筑材料、建筑构配件和设备合格证及必要的进场试验报告。

⑦ 有施工单位签署的工程质量保修书。

⑧ 有公安消防、环保等部门出具的认可文件或准许使用文件。

⑨ 建设行政主管部门及其委托的工程质量监督机构等有关部门责令整改的问题全部整改完毕。

（2）验收后的管理 按照规定的条款和程序进行工程验收。工程未经竣工验收或竣工验收未通过的，发包人不得使用。发包人强行使用时，由此发生的质量问题及其他问题，由发包人承担责任。

确定竣工的日期非常重要，有利于计算承包人的实际施工期限，与合同约定的工期比较是提前竣工还是延误竣工。工程通过了竣工验收，承包人送交竣工验收报告的日期为实际竣工日期。工程按发包人要求修改后通过竣工验收的，实际竣工日期为承包人修改后提请发包人验收的日期。承包人的实际施工期限，是从开工日起到上述确认为竣工日期之间的日历天数。

发包人在验收后14天内给予认可或提出修改意见。竣工验收合格的工程移交给发包人使用，承包人不再承担工程保管责任。需要修改缺陷的部分，承包人应按要求进行修改，并承担由自身原因造成修改的费用。

发包人收到承包人送交的竣工验收报告后28天内不组织验收，或验收后14天内不提出修改意见，均视为竣工验收报告已被认可。同时，从第29天起，发包人承担工程保管及一切意外责任。

　　由于承包人原因，工程质量达不到约定的质量标准，承包人承担违约责任。因特殊原因，发包人要求部分单位工程或者工程部位需甩项竣工时，双方另行签订甩项竣工协议，明确各方责任和工程价款的支付方法。

　　中间竣工工程的范围和竣工时间，由双方在专用条款内约定。

4.3.4.2　工程保修养护

　　承包人应当在工程竣工验收之前，与发包人签订质量保修书，作为合同附件。质量保修书的主要内容包括工程质量保修范围和内容、质量保修期、质量保修责任、保修费用和其他约定五部分。

　　(1) 工程质量保修范围和内容　双方按照工程的性质和特点，具体约定保修的相关内容。一般由于园林工程施工单位的施工责任而造成的质量问题都应保修，对大规格苗木、珍贵植物要保活养护。

　　(2) 质量保修期　保修期从竣工验收合格之日起计算。在保修书内当事人双方应针对不同的工程部位，约定具体的保修年限。当事人协商约定的保修期限，不得低于法规规定的标准。国务院颁布的《建设工程质量管理条例》明确规定，在正常使用条件下的最低保修期限如下。

　　① 基础设施工程、房屋建筑的地基基础工程和主体工程，为设计文件规定的该工程的合理使用年限。

　　② 屋面防水工程、有防水要求的卫生间、房间和外墙面的防渗漏，为五年。

　　③ 供热与供冷系统，为两个采暖期、供冷期。

　　④ 电气管线、给排水管道、设备安装和装修工程，为两年。

　　(3) 质量保修责任与保修费用

　　① 属于保修范围、内容的项目，且养护、修理项目确实由于施工单位施工责任或施工质量不良遗留的隐患，应由施工单位承担全部修理费用，并在接到发包人的保修通知起 7 天内派人保修。承包人不在约定期限内派人保修，发包人可以委托其他人修理。

　　② 养护、修理项目是由于建设单位的设备、材料、成品、半成品等不良原因造成的，或由于用户管理使用不当，造成建筑物、构筑物等功能不良或苗木损伤死亡时，均应由建设单位承担全部修理费用。

　　③ 涉及结构安全的质量问题，应当按照《房屋建筑工程质量保修办法》的规定，立即向当地建设行政主管部门报告，采取相应的安全防范措施。由原设计单位或具有相应资质等级的设计单位提出保修方案，承包人实施保修。发生紧急抢修事故时，承包人接到通知后应当立即到达事故现场抢修。

　　④ 养护、修理项目是由建设单位和施工单位双方的责任造成的，双方应实事求是地共同商定各自承担的修理费用。

　　⑤ 质量保修完成后，由发包人组织验收。

4.3.4.3 竣工结算

工程竣工验收报告经发包人认可后，承发包双方应当按协议书约定的合同价款及专用条款约定的合同价款调整方式，进行工程竣工结算。

工程竣工验收报告经发包人认可后 28 天，承包人向发包人递交竣工结算报告及完整的结算资料。

发包人自收到竣工结算报告及结算资料后 28 天内进行核实，给予确认或提出修改意见。发包人认可竣工结算报告后，及时办理竣工结算价款的支付手续。发包人收到竣工结算报告及结算资料后 28 天内无正当理由不支付工程竣工结算价款，从第 29 天起按承包人同期向银行贷款利率支付拖欠工程价款的利息，并承担违约责任。

发包人收到竣工结算报告及结算资料后 28 天内不支付工程竣工结算价款，承包人可以催告发包人支付结算价款。发包人在收到竣工结算报告及结算资料后 56 天内仍不支付，承包人可以与发包人协议将该工程折价，也可以由承包人申请人民法院将该工程依法拍卖，承包人就该工程折价或者拍卖的价款优先受偿。

工程竣工验收报告经发包人认可后 28 天内，承包人未能向发包人递交竣工结算报告及完整的结算资料，造成工程竣工结算不能正常进行或工程竣工结算价款不能及时支付时，如果发包人要求交付工程，承包人应当交付；发包人不要求交付工程，承包人仍应承担保管责任。

承包人收到竣工结算价款后 14 天内将竣工工程交付发包人，施工合同即告终止。

4.3.5 园林工程施工合同的变更与终止

4.3.5.1 园林工程施工合同的变更

《合同法》规定，当事人协商一致可以变更合同。合同变更是指当事人对已经发生法律效力，但尚未履行或者尚未完全履行的合同，进行修改或补充所达成的协议。协商一致是合同变更的必要条件，任何一方都不得擅自变更合同。

由于工程合同签订的特殊性，需要有关部门的批准或登记，变更时需要重新登记或审批。变更工程承包合同应遵循一定的法律程序，做好登记存档。

有效的合同变更必须要有明确的合同内容的变更。合同的变更一般不涉及已履行的内容。如果当事人对合同的变更约定不明确，视为没有变更。

合同变更后，当事人不得再按原合同履行，而须按变更后的合同履行。

4.3.5.2 园林工程施工合同的终止

合同的终止是指合同当事人完全履行了合同规定的义务，当事人之间根据合同确定的权利义务在客观上不复存在，据此合同不再对双方具有约束力。对于园林工程承包合同而言就是经过工程施工阶段，园林绿化工程成为了实物形态，此时合同已经完全履行，合同关系可以终止。

按照《合同法》的规定，有下列情形之一的，合同的权利义务终止。

（1）债务已经按照约定履行。

（2）合同解除。

（3）债务相互抵销。

（4）债务人依法将标的物提存。

（5）债权人免除债务。

（6）债权债务同归于一人。

（7）法律规定或者当事人约定终止的其他情形。

合同终止是随着一定法律事实发生而发生的，与合同中止不同之处在于，合同中止只是在法定的特殊情况下，当事人暂时停止履行合同，当这种特殊情况消失以后，当事人仍然承担继续履行的义务；而合同终止是合同关系的消灭，不可能恢复。

如果在合同履行过程中，因一方或双方等原因，使合同不能继续履行的，依法终止合同，此种情况称为解除合同（提前终止）。

4.4 施工项目质量管理

4.4.1 园林工程质量控制程序

工程质量控制是指致力于满足工程质量要求，保证工程质量满足工程合同、规范标准所采取的一系列措施、方法和手段。工程质量要求主要表现为工程合同、设计文件、技术规范标准规定的质量标准。

工程质量控制按其实施主体不同，分为自控主体和监控主体。施工单位属于自控主体，它是以工程合同、设计图纸和技术规范为依据，对施工准备阶段、施工阶段、竣工验收交付阶段等施工全过程的工作质量和工程质量进行的控制，以达到合同文件规定的质量要求。政府、工程监理单位属于监控主体。

工程质量控制按工程质量形成过程，包括全过程各阶段的质量控制。工程施工阶段的质量控制，一是择优选择能保证工程质量的施工单位，二是严格监督承建商按设计图纸进行施工，并形成符合合同文件规定质量要求的最终园林工程产品。

就施工项目质量控制的过程而言，质量控制就是监控项目的实施状态，将实际状态与事先制订的质量标准作对比，分析存在的偏差及产生偏差的原因，并采取相应对策。这是一个循环往复的过程，实质是采用全面质量管理。

4.4.1.1 全面质量管理的基本程序

全面质量管理是美国学者戴明把"系统工程、数学统计、运筹学"等运用到管理中，根据管理工作的客观规律总结出的，通过计划（plan）、实施（do）、检查（check）、处理（action）的循环过程（PDCA循环）而形成的一种行之有效的管理方法。它将管理分为计划、实施、检查和处理四个阶段及具体化的八个步骤，把生产经营和生产中质量管理有机地联系起来，提高企业的质量管理工作。

全面质量管理（PDCA 循环）的基本内容如下。

第一阶段是计划阶段（也称 P 阶段），其工作内容包括四个步骤。

（1）调查现状找出问题，通过对本企业产品质量现状的分析，提出质量方面存在的问题。

（2）分析各种影响因素，找原因。在找出影响质量问题的基础上，将各种影响因素加以分析，找出薄弱环节。

（3）找出主要影响因素、主要原因。在影响质量的各种原因中，分清主次，抓住主要原因，进行解剖分析。

（4）制订对策及措施。找出主要原因后，制订切实可行的对策和措施，提出行动计划。

第二阶段是实施阶段（也称 D 阶段），其工作内容是第五个步骤。

（5）执行措施。在施工过程中，应贯彻、执行确定的措施，把措施落到实处。

第三阶段是检查阶段（也称 C 阶段），其工作内容是第六个步骤。

（6）检查工作效果。计划措施落实执行后，应及时进行检查和测试，并把实施结果与计划进行分析，总结成绩，找出差距。

第四阶段是处理阶段（也称 A 阶段），其工作内容是最后两个步骤。

（7）巩固措施，制订标准。通过总结经验，将有效措施巩固，并制订标准，形成规章制度并贯彻执行于施工中。

（8）将遗留问题转入下一循环。在质量管理过程中，不可能一次循环将问题全部解决，对尚未解决或没有解决好的质量问题，找出原因并转入下一个循环去研究解决。

质量管理工作，经过上述四个阶段八个步骤，才完成一个循环过程。而 PDCA 循环的特点是：周而复始不停顿的循环，即反复进行计划→实施→检查→处理工作，就能不断地解决问题，使企业的生产活动、质量管理及其他工作不断提高。

4.4.1.2 质量检查的方式

质量检验是指按国家标准、规程，采用一定测试手段，对工程质量进行全面检查、验收的工作。质量检验，可避免不合格的原材料、构配件进入工程中，中间工序检验可及时发现质量情况，采取补救或返工措施。因此，质量检验是实行层层把关，通过监督、控制，来保证整个工程的质量。

质量检查是一项专业性、技术性、群众性的工作，通常以专业检查为主与群众性自检、互检、交接检相结合的检查方式。

（1）自检 自检是指操作者或班组的自我把关，通常采用挂牌施工，分清工作范围，以便检查，确保交付产品符合质量标准。

（2）互检　互检是指操作者之间或班组之间的相互检查、督促，通过交流经验、找差距，共同保证工程质量。

（3）交接检　交接检是由工长或工地负责人组织前后工序的交接班检查，以确保前道工序质量，为下道工序施工创造条件。

（4）专职质量检查　是由专职质量检查人员对工程进行分期、分批、分阶段的检查与验收。

4.4.1.3　工程质量评定的程序和方法

质量评定是以国家技术标准为统一尺度，正确评定工程质量等级，促进工程质量的不断提高，防止不合格的工程交付使用。

（1）工程质量评定程序　质量评定的程序是先分项工程，再分部工程，最后是单位工程，要求循序进行，不能漏项。每项都应坚持实测，评定的部位、项目、计量单位、允许偏差、检查点数、检查方法及使用的工具仪表，都要按照评定标准的规定进行。

（2）分项工程的质量评定　分项工程质量是从三个方面，即保证项目、检验项目、实测项目进行综合评定。

保证项目：是指合格、优良等级都必须达到的项目，内容是由《工程施工及验收规范》中的"必须"条款，主要材料质量性能，使用安全等构成。

检验项目：是指基本要求和规定的项目，内容是《工程施工及验收规范》中的"应"与"不应"条款及针对工程质量通病而设的有关内容构成，检查项目中每项都规定"合格与优良"标准。

实测项目：是指《工程施工及验收规范》中规定允许有偏差值的项目。

分项工程质量评定标准如下。

① 合格应满足。

a. 保证项目必须符合相应质量检验评定标准的规定。

b. 检验项目抽样检查处应符合相应质量检验标准的规定。

c. 实测项目其抽查点（处、件）中，建筑工程应70%及其以上，安装工程应80%及其以上，其余实测值基本达到相应质量检验标准的规定。

② 优良应满足。

a. 保证项目必须符合相应质量检验评定标准的规定。

b. 检验项目中每项抽检的点（处）应符合相应质量检验评定标准规定，其中有50%以上的点（处）符合优良规定，该项为优良，优良项数占检验项数50%以上，该检验项目为优良。

c. 实测项目抽检的点（处）数中有90%及其以上实测值达到相应质量评定标准，其余实测值基本达到相应质量评定标准的规定。

分项工程质量评定后，将评定结果填入分项工程质量检验评定表，见表4-7。

表 4-7　分项工程质量检验评定表

单位工程名称　　　　　　　　　部位　　　　　　　　　工程量

序号	检验项目	质量情况									

序号	实测项目	允许偏差	各检查点(处、件)偏差值									
			1	2	3	4	5	6	7	8	9	10
合计	共检查　　　点,其中合格　　　点,合格率　　　%											
检验评定意见		评定等级										

施工负责人:　　　　　　质量检查员:　　　　　　队(组)长:　　　　　　制表人:

（3）分部工程的质量评定

① 合格。所含分项工程的质量全部合格。

② 优良。所含分项工程的质量全部合格,其中有 50％ 及其以上为优良。

检验后,将评定结果填入分部工程质量评定表,见表 4-8。

表 4-8　分部工程质量评定表

单位工程名称

序号	分项工程名称	评定等级	备注
合计	分项工程共　　　项,其中优良　　　项,优良率　　　%		
评定意见		评定等级	

施工负责人:　　　　　　质量检查员:　　　　　　制表人:

（4）单位工程的质量评定

① 合格同时满足。

a. 所含分部工程的质量全部合格。

b. 质量保证资料应符合标准的规定。

c. 观感质量的评分率达 70％ 及其以上。

② 优良同时满足。

a. 所含分部工程的质量全部合格,其中有 50％ 及其以上的优良。

b. 质量保证资料应符合标准的规定。

c. 观感质量的评定率达 85％ 及其以上。

检评后，将评定结果填入单位工程质量评定表，见表 4-9。

表 4-9　单位工程质量评定表

单位工程名称　　　　　　　　　　　　　　　　　　　　　施工单位

建筑面积　　　　　　　　　　　　　　　　　　　　　　　开竣工日期

序号	分部工程名称	评定等级	分项工程个数	备注
合计		分部工程共　　项,其中优良　　项,优良率　　%		
评定意见		评定等级	建设单位	
			设计单位	
			施工单位	

制表人：　　　年　　月　　日

分项、分部工程质量检查评定，由专职质量检查员核定后签字盖章；单位工程质量检查评定，由当地监督站核定后签字盖章。所有质量评定表均列入工程档案。

4.4.2　园林工程各阶段的质量管理

园林工程大体上可以分为三个阶段：第一阶段是施工准备阶段，第二阶段是工程施工阶段，第三阶段是工程竣工验收阶段。质量管理应融入这三个阶段中，并且与工程项目同步、高质量运行，不可偏离工程项目单独并且无目的盲目执行，各阶段管理方法如下。

4.4.2.1　施工准备阶段的质量管理

园林建设工程施工准备是为保证园林施工正常进行而必须事先做好的工作。施工准备不仅在工程开工前要做好，而且贯穿于整个施工过程。施工准备的基本任务就是为工程建立一切必要的施工条件，确保施工生产顺利进行，确保工程质量符合要求。

（1）抓好施工前准备工作的质量管理　这一阶段主要包括图纸的审核与技术交底两项管理内容。施工人员应该熟悉图纸，确定方案，准备材料，明确任务，界定范围，递交质量标准，提交质量要求，使每个施工人员都清楚自己的施工任务、质量标准、工序程序。尤其对智能化工程而言，必须对上述图纸、资料进行审核，以确保工程合同中的设备清单、监控点表和施工图中实际情况三者相一致，也就是监控点表的每一个监控点在图纸上都已经反映，而且与受控点或监测点接口匹配，其设备数量、型号、规格与图纸、设备清单相一致，这样确保系统在硬件设备上的完整性，并审核是否符合接口界面、联动、信息通信接口技术参数的要求。通过审核图纸，可以广泛听取使用人员、施工人员的正确意见，弥补设计上的不足，提高设计质量；可以使施工人员了解设计意图、技术要求、施工难点。技术交底是施工前的一项重要准备工作，可以使参与施工的技术人员与工人了解承建工程的特点、技术要求、施工工艺及施工操作要求等。

（2）工程项目的质量检查　工程项目质量检查是指导施工准备和组织施工前的必备工作。紧抓质量管理网络正常运转，工程质量检查实行自检、互检，施工技术员检查和专职检查的质量检查制，班组进行质量自检后，交施工技术员检查验收签字，最后由专职质量员进行复验、记录、办理手续。不合格者发出整改通知单，限期整改安装的设备在检查后都需具有实测数据和签证手续。每项设备的交工验收都必须具有完整的质量资料，其中必须包括各工序安装测量记录、隐蔽工程验收记录、绝缘记录、试运转记录和质量评定资料，工程竣工验收必须具有各个单项工程完整的质量资料。

（3）施工前现场的质量管理　施工前现场的质量管理主要包括现场勘查和检查临时设施的搭建与否和物资、劳动力准备是否充分。掌握现场地质、水文勘查资料、临时设施搭建能否满足施工需要，保证工程顺利进行。检查原材料、构配件是否符合质量要求；施工机械是否可以正常进入运行状态；施工力量的集结能否进入正常的作业状态；特殊工种及缺门工种的培训是否具备应有的操作技术和资格；劳动力的调配、工种间的搭接能否为后续工种创造合理的足够的工作面。

4.4.2.2　施工阶段的质量管理

施工是形成项目实体的过程，也是最终影响产品质量的重要阶段；加强工程施工阶段的质量管理控制，是在确保合同和规范施工最终圆满取得工程竣工的必要途径（图4-1）。

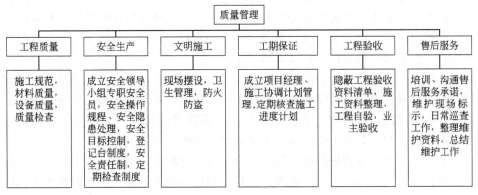

图4-1　质量管理示意框图

按照施工组织设计总进度计划，编制具体的月度和分项工程施工作业计划和相应的质量计划。为保证园林建设产品总体质量处于稳定状态，需要对施工工艺、施工工序、人员素质、设计变更与技术复核影响质量的因素进行控制。

首先，施工工艺的质量控制。工程项目施工应编制"施工工艺技术标准"，规定各项作业活动和各道工序的操作规程、作业规范要点、工作顺序、质量要求；对关键环节的质量、工序、材料和环境应进行验证；使施工工艺的质量控制符合标准化、规范化、制度化的要求。

其次，施工工序的质量控制。施工工序的质量控制的最终目的是要使园林建设项目保质保量地顺利竣工，达到工程项目设计要求。施工工序的质量控制，包括影响施工质量的5个因素（人员、材料、机具、方法、环境），使施工工序质量的数据波动处于允许的范围内；通过工序检验等方式，准确判断施工工序质量是否符合规定的标准，以及是否处于稳定状态；在出现偏离标准的情况下，分析产生的原因，并及时采取措施，使之处于允许的范围内。设立工序质量控制点的主要作用，是使工序按规定的质量要求和均匀的操作而能正常运转，从而获得满足质量要求的最多产品和最大的经济效益。对工序质量控制点要确定合理的质量标准、技术标准和工艺标准，还要确定控制水平及控制方法。

再次，施工人员素质的控制。定期对职工进行规程、规范、工序工艺、标准、计量、检验等基础知识的培训和开展质量管理、质量意识教育。

最后，针对设计变更与技术复核的质量控制。加强对施工过程中提出的设计变更的控制。重大问题须经建设单位、设计单位、施工单位三方同意，由设计单位负责修改，并向施工单位签发设计变更通知书。对建设规模、投资方案等有较大影响的变更，须经原批准初步设计单位同意，方可进行修改。所有设计变更资料，均需有文字记录，并按要求归档。对重要的或影响全局的技术工作，必须加强复核，避免发生重大差错，影响工程质量和使用。

4.4.2.3　竣工验收阶段的质量控制

（1）工序间的交工验收工作的质量控制　工程施工中往往上道工序的质量成果被下道工序所覆盖；分项或分部工程质量成果被后续的分项或分部工程所掩盖。因此，要对施工全过程的分项与分步施工的各工序进行质量控制。要求班组实行保证本工序、监督前工序、服务后工序的自检、互检、交接检和专业性的质量检查，保证不合格工序不转入下道工序。

（2）竣工交付使用阶段的质量控制　单位工程竣工后，由施工项目的上级部门严格按照设计图纸、施工说明书及竣工验收标准，对工程的施工质量进行全面鉴定，评价等级，作为竣工交付的依据。工程项目经自检、互检后，与建设单位、设计单位和上级有关部门进行正式的交工验收工作。

要根据全面质量管理的基本原理和科学的管理程序，确定园林工程施工项目的质量管理目标，编制质量保证工作计划，制订本项工程施工的质量管理工作体系，确保园林工程施工项目符合有关规范的要求。

4.4.3　园林工程质量检验与评定

质量检验与评定是质量管理的重要内容，是保证园林工程作品是否能满足设计要求及工程质量的关键环节。

4.4.3.1　质量检验相关内容

质量检验是质量管理的重要环节，搞好质量检验能确保工程质量，进而达到用最经济的手段创造出最佳的园林艺术作品的目的。质量检验包括园林作品质量与施工过程质量两部分，前者以安全程度、景观水平、外观造型、使用年限、功能要求及经济效益为主；后者则以工作质量为主，包括设计、施工、检验验收等环节。

重视质量检验，树立质量意识，是园林工作者的起码素质条件。要做好这一工作，必须做好以下八方面的工作。

(1) 对园林工程质量标准的分析和质量保证体系的研究。

(2) 熟悉工程所需的材料、设备检验资料。

(3) 施工过程中工作质量管理。

(4) 与质量相关的情报系统工作。

(5) 对所有采用的质量方法和手段的反馈研究。

(6) 对技术人员、管理人员及工人的质量教育与培训。

(7) 定期进行质量工作效果和经验分析、总结。

(8) 及时对质量问题进行处理并采取相关措施。

4.4.3.2 质量评定

工程质量的判断方法很多，目前应用于园林工程施工中的质检方法主要有直方图、因果图和控制图等。这些方法均需选取一定的样本，依据质量特性绘制成质量评价图，用以对施工对象做出质量判断。

(1) 准备工作 要搞好质量检验和评定，必须做好以下几方面的准备工作。

① 根据设计图纸、施工说明书及特殊工序说明等资料分析工程的设计质量，再依照设计质量确定相应的重点管理项目，最后确定管理对象（施工对象）的质量特性。

② 按质量特性拟定质量标准，并注意确定质量允许误差范围。

③ 利用质量标准制订严格的作业标准和操作规程，做好技术交底工作。

④ 进行质检质评人员的技术培训。

(2) 检查与评定方法

① 直方图。这是一种通过柱状分布区间判断质量好坏的方法，主要应用于材料、基础工程等试验性质量的检测。它以质量特性为横坐标，试验数据组成的度数为纵坐标，构成直方图。用之与标准分布直方图进行比较，来确定质量的好坏。

标准分布直方图，如图4-2所示，它是质量管理的重要曲线。一般做完直方图后和标准直方图比较，凡质量优良者的直方图形是中间高、两侧低、左右接近对称的图形；出现非正常直方图时，表明生产过程或收集数据作图有问题。这就要求进一步分析判断，找出原因，从而采取措施加以纠正。一般非正常型直方图，其图形分布有各种不同缺陷，归纳起来有五种类型，即折齿型直方图、左（或右）缓坡型直方图、孤岛型直方图、双峰型直方图、绝壁型直方图，如图4-3所示。

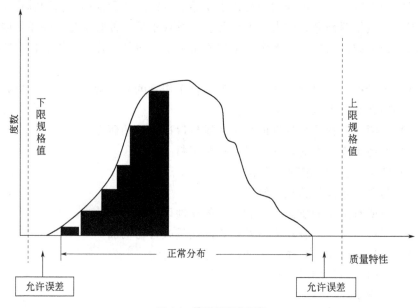

图 4-2　标准分布直方图

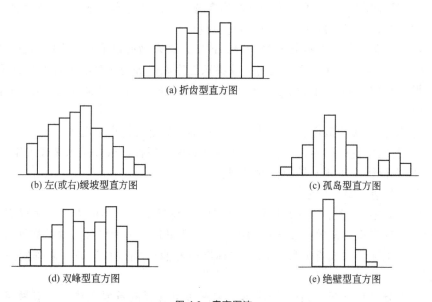

(a) 折齿型直方图

(b) 左(或右)缓坡型直方图

(c) 孤岛型直方图

(d) 双峰型直方图

(e) 绝壁型直方图

图 4-3　直方图法

　　② 因果图。因果图是通过质量特性和影响原因的相互关系判断质量的方法，也称鱼刺图。可以应用于各类工程项目的质量检测。

　　绘制因果图的关键是明确施工对象及施工中出现的主要问题。根据问题罗列出可能影响的原因，并通过评分或投票的形式确定主导因素，如图 4-4 所示。

　　③ 排列图。排列图是一种常用的分析确定质量主要要素的判断图，尤其适

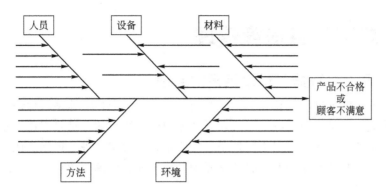

图 4-4 鱼刺图基本结构

用于材料检验评定。排列图以判断的质量项目为横坐标,其项数和百分比分别为左右纵坐标,如图 4-5 所示。

利用排列图判断质量,其主要因素不得超过 3 个,最好 1 个,且所列项目不宜过多。实际操作时,按累计百分比进行评定:0～80％为 A 类(主要因素),80％～90％为 B 类(次要因素),90％～100％为 C 类(一般因素)。此时,应对主要因素采取措施,以保证质量。

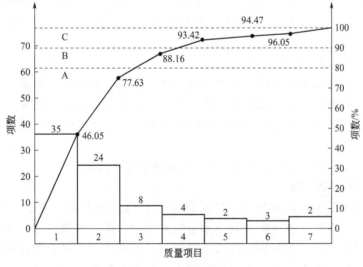

图 4-5 排列图

④ 散布图。散布图是分析两种质量特性间关系的点状图示方法。这种方法要抽取足够多的样本,按出现次数作雾状分析图,以此和标准散布图对照来确定质量状况。

综上所述,目前应用于园林工程施工中质量评定的方法主要包括以上四种,其中被普遍使用的是直方图和因果图,主要是其具有直观、醒目、目标明确等特点。

4.5 施工项目进度管理

4.5.1 园林工程施工进度管理的原理

园林工程施工进度管理是一个动态的过程，有一个目标体系，保证工程项目按期建成交付使用，是工程施工阶段进度控制的最终目的。将施工进度总目标从上至下层层分解，形成施工进度控制目标体系，作为实施进度控制的依据。其施工项目进度控制基本原理有动态控制原理、系统控制原理、信息反馈原理、统计学原理、网络计划技术原理。

4.5.1.1 动态循环控制原理

施工项目进度控制首先是一个动态控制的过程，从项目施工开始，实际施工进度就不断发生变化，在执行计划的过程中，有时实际进度按照计划进度进行，两者则相吻合；由于工程施工的特殊性，实际进度与计划进度常常表现不一致，便会产生超前或落后的偏差。为了保证实际进度按照计划进度进行，只有分析产生偏差的原因，采取相应的措施，调整原来的计划，使两者在新起点上重合，继续进行施工活动，并且充分发挥组织管理的作用，使实际工作按计划进行。

其次施工项目进度控制还是一个循环进行的过程，当采取了调整措施克服进度偏差后，在新的干扰因素作用下，又会产生新的偏差，这就需要再次分析和调整，这种动态循环的过程直到施工结束。

项目进度计划控制的全过程是计划、实施、检查、比较分析、确定调整措施、再计划。从编制项目施工进度计划开始，经过实施过程中的跟踪检查，收集有关实际进度的信息，比较和分析实际进度与施工计划进度之间的偏差，找出产生原因和解决办法，确定调整措施，再修改原进度计划，形成一个循环系统。

因此，施工项目进度控制是一个动态循环的控制过程。

4.5.1.2 系统控制原理

施工项目有各种进度计划，既有施工项目总进度计划、单位工程进度计划，又有分部分项工程进度计划、季度和月（旬）作业计划，这些计划从总体计划到局部计划，由大到小，内容从粗到细，每个层面都需要实施和落实，因而采用系统控制非常重要。为了保证施工项目进度实施，必须建立相应的组织系统。

（1）施工项目进度控制有施工项目计划系统　计划编制时逐层进行控制目标分解，得到施工项目总进度计划、单位工程进度计划、分部分项工程进度计划、季度、月（旬）作业计划，组成一个施工项目进度计划系统。在执行计划时，从月（旬）作业计划开始实施，逐级按目标控制，从而达到对施工项目整体进度目标控制。

（2）施工项目进度控制有实施的组织系统　施工项目的各职能部门以及项目经理、施工队长、班组长及其所属全体成员组成施工项目实施的完整组织系统。在施工项目实施的全过程中，各职能部门都按照施工进度规定的要求进行严格管理、落实和完成各自的任务；各专业队伍按照计划规定的目标努力完成各自的任务，保证计划控制目标落实。

（3）施工项目控制还应有一个项目进度的检查控制系统　从公司经理、项目经理，一直到作业班组都要设有专门职能部门或人员负责检查，统计、整理实际施工进度的资料，并与计划进度比较分析和进行调整。当然不同层次人员负有不同进度控制职责，分工协作，形成一个纵横连接的施工项目控制组织系统。

采取进度控制措施时，要尽可能选择对投资目标和质量目标产生有利影响的控制措施。当然，采取进度控制措施也可能对投资目标和质量目标产生不利影响。根据工程进展的实际情况和要求以及进度控制措施选择的可能性，有以下三种处理方式。

① 在保证进度目标的前提下，将对投资目标和质量目标的影响减少到最低程度。

② 适当调整进度目标，不影响或基本不影响投资目标和质量目标。

③ 介于上述两者之间。

只有实施系统控制，才能保证计划按期实施和落实。

4.5.1.3　信息反馈原理

信息反馈方式有正式反馈和非正式反馈两种。正式反馈是指书面报告等，非正式反馈是指口头汇报等。施工项目应当把非正式反馈适时转化为正式反馈，才能更好地发挥其对控制的作用。

信息反馈是施工项目进度控制的主要环节，施工的实际进度通过信息反馈给基层施工项目进度控制的工作人员，在分工的职责范围内，经过对其加工，再将信息逐级向上反馈，直到主控制室，主控制室整理统计各方面的信息，经比较分析做出决策，调整进度计划，使其符合预定工期目标。

施工项目进度控制的过程就是信息反馈的过程。

4.5.1.4　统计学原理

由于工程项目施工的工期长、影响进度的因素多，根据统计学知识，利用统计资料和经验，就可以估计影响进度的程度，并在确定进度目标时，进行实现目标的风险分析。

在编制施工项目进度计划时，要充分利用过去的实践经验和类似的工程施工项目资料，在以往的基础上留有余地，使施工进度计划具有弹性。在进行施工项目进度控制时，要对施工过程中的相关数据进行统计分析，看是否能缩短有关工作的时间，或者改变它们之间的搭接关系，使之检查之前拖延的工期，通过缩短剩余计划工期的方法，达到预期的计划目标。

统计学原理在施工项目进度控制中的应用非常广泛。

4.5.1.5　网络计划技术原理

在施工项目进度的控制中，利用网络计划技术编制进度计划，根据收集的实际进度信息，比较和分析进度计划，再利用网络计划进行工期优化、成本优化和资源优化，使施工项目进度管理更科学。使用网络计划技术的步骤如下。

（1）利用网络图的形式表达一项工程计划方案中各项工作之间的相互关系和先后顺序关系。

（2）通过计算找出影响工期的关键线路和关键工作。

（3）通过不断调整网络计划，寻求最优方案并付诸实施。

（4）在计划实施过程中采取有效措施对其进行控制，以合理使用资源，高效、优质、低耗地完成预定任务。

由此可见，网络计划技术不仅是一种科学的计划方法，同时也是一种科学的动态控制方法。网络计划技术原理是施工项目进度控制完整的计划管理和分析计算的理论基础。

4.5.2　园林工程施工进度管理的程序

4.5.2.1　园林工程施工进度计划的编制

施工进度计划是表示各项工程（单位工程、分部工程或分项工程）的施工顺序、开始和结束时间以及相互衔接关系的计划。它是承包单位进行现场施工管理的核心指导文件。施工进度计划通常是按工程对象编制的。

（1）施工总进度计划的编制　施工总进度计划一般是建设工程项目的施工进度计划。它是用来确定建设工程项目中所包含的各单位工程的施工顺序、施工时间及相互衔接关系的计划。编制施工总进度计划的依据有：施工总方案；资源供应条件；各类定额资料；合同文件；工程项目建设总进度计划；工程动用时间目标；建设地区自然条件及有关技术经济资料等。

施工总进度计划的编制步骤和方法如下。

① 计算工程量。根据批准的工程项目一览表，按单位工程分别计算其主要实物工程量，不仅是为了编制施工总进度计划，而且还为了编制施工方案和选择施工、运输机械，初步规划主要施工过程的流水施工，以及计算人工、施工机械及各种材料、植物的需要量。因此，工程量只需粗略地计算即可。

工程量的计算可按初步设计（或扩大初步设计）图纸和有关定额手册或资料进行。

② 确定各单位工程的施工期限。各单位工程的施工期限应根据合同工期确定，同时还要考虑建筑类型、结构特征、施工方法、施工管理水平、施工机械化程度及施工现场条件等因素。如果在编制施工总进度计划时没有合同工期，则应保证计划工期不超过工期定额。

③ 确定各单位工程的开竣工时间和相互搭接关系。确定各单位工程的开竣工时间和相互搭接关系主要应考虑以下几点。

a. 同一时期施工的项目不宜过多，以避免人力、物力过于分散。

b. 尽量做到均衡施工，以使劳动力、施工机械和主要材料的供应在整个工期范围内达到均衡。

c. 尽量提前建设可供工程施工使用的永久性工程，以节省临时工程费用。

d. 急需和关键的工程先施工，以保证工程项目如期交工。对于某些技术复杂、施工周期较长、施工困难较多的工程，亦应安排提前施工，以利于整个工程项目按期交付使用。

e. 施工顺序必须与主要生产系统投入生产的先后次序相吻合。同时还要安排好配套工程的施工时间，以保证建成的工程能迅速投入生产或交付使用。

f. 应注意季节对施工顺序的影响，使施工季节不拖延工期，不影响工程质量。

g. 安排一部分附属工程或零星项目作为后备项目，用以调整主要项目的施工进度。

h. 注意主要工种和主要施工机械能连续施工。

④ 编制初步施工总进度计划。施工总进度计划应安排全工地性的流水作业。全工地性的流水作业安排应以工程量大，工期长的单位工程为主导，组织若干条流水线，并以此带动其他工程。

施工总进度计划既可以用横道图表示，也可以用网络图表示。

⑤ 编制正式施工总进度计划。初步施工总进度计划编制完成后，要认真进行检查。主要是检查总工期是否符合要求，资源使用是否均衡且其供应是否能得到保证。如果出现问题，则应进行调整。调整的主要方法是改变某些工程的起止时间或调整主导工程的工期。

正式的施工总进度计划确定后，应据以编制劳动力、材料、大型施工机械等资源的需用量计划，以便组织供应，保证施工总进度计划的实现。

（2）单位工程施工进度计划的编制　单位工程施工进度计划是在既定施工方案的基础上，根据规定的工期和各种资源供应条件，对单位工程中的各分部分项工程的施工顺序、施工起止时间及衔接关系进行合理安排的计划。其编制的主要依据有：施工总进度计划、单位工程施工方案、合同工期或定额工期、施工定额、施工图和施工预算、施工现场条件、资源供应条件、气象资料等。

单位工程施工进度计划的编制步骤和方法如下。

① 划分工作项目。工作项目是包括一定工作内容的施工过程，它是施工进度计划的基本组成单元。对于大型建设工程，经常需要编制控制性施工进度计划，此时工作项目可以划分得粗一些，一般只明确到分部工程即可。单位工程施工进度计划中的工作项目应明确到分项工程或更具体，以满足指导施工作业、控制施工进度的要求。

② 确定施工顺序。确定施工顺序是为了按照施工的技术规律和合理的组织关系，解决各工作项目之间在时间上的先后和搭接问题，以达到保证质量、安全

施工、充分利用空间、争取时间、实现合理安排工期的目的。

一般说来，施工顺序受施工工艺和施工组织两方面的制约。当施工方案确定之后，工作项目之间的工艺关系也就随之确定。如果违背这种关系，将不可能施工，或者导致工程质量事故和安全事故的出现，或者造成返工浪费。

工作项目之间的组织关系是由于劳动力、施工机械、材料和构配件等资源的组织和安排需要而形成的。它不是由工程本身决定的，而是一种人为的关系。组织方式不同，组织关系也就不同。不同的组织关系会产生不同的经济效果，应通过调整组织关系，并将工艺关系和组织关系有机地结合起来，形成工作项目之间的合理顺序关系。

③ 计算工程量。工程量的计算应根据施工图和工程量计算规则，针对所划分的每一个工作项目进行。当编制施工进度计划时已有预算文件，且工作项目的划分与施工进度计划一致时，可以直接套用施工预算的工程量，不必重新计算。若某些项目有出入，但出入不大时，应结合工程的实际情况进行某些必要的调整。计算工程量时应注意以下问题。

a. 工程量的计算单位应与现行定额手册中所规定的计量单位相一致，以便计算劳动力、材料和机械数量时直接套用定额，而不必进行换算。

b. 要结合具体的施工方法和安全技术要求计算工程量。

c. 应结合施工组织的要求，按已划分的施工段分层分段进行计算。

④ 计算劳动量和机械台班数。当某工作项目是由若干个分项工程合并而成时，则应分别根据各分项工程的时间定额（或产量定额）及工程量来计算。

⑤ 确定工作项目的持续时间。根据工作项目所需要的劳动量或机械台班数，以及该工作项目每天安排的工人数或配备的机械台数，按下列公式计算出各工作项目的持续时间。

$$D = \frac{P}{RB} \tag{4-1}$$

式中　D ——完成工作项目所需要的时间，即持续时间；

　　　P ——劳动量或机械台班数；

　　　R ——每班安排的工人数或施工机械台数；

　　　B ——每天工作班数。

⑥ 绘制施工进度计划图。绘制施工进度计划图，首先应选择施工进度计划的表达形式。目前，常用来表达建设工程进度计划的方法有横道图和网络图两种形式。横道图比较简单，而且非常直观，是控制工程进度的主要依据。

⑦ 施工进度计划的检查与调整。当施工进度计划初始方案编制好后，需要对其进行检查与调整，以便使进度计划更加合理，进度计划检查的主要内容包括以下几方面。

a. 各工作项目的施工顺序、平行搭接和技术间歇是否合理。

b. 总工期是否满足合同规定。

　　c. 主要工种的工人是否能满足连续、均衡施工的要求。

　　d. 主要机具、材料等的利用是否均衡和充分。

　　在上述四个方面中，首要的是前两方面的检查，如果不满足要求，必须进行调整。只有在前两个方面均达到要求的前提下，才能进行后两个方面的检查与调整。前者是解决可行与否的问题，而后者则是优化的问题。

4.5.2.2　园林工程施工进度管理的程序

　　一般来说，进度控制随着建设的进程而展开，因此进度控制的总程序与建设程序的阶段划分相一致。在具体操作上，每一建设阶段的进度控制又按计划、实施、监测及反复调整的科学程序进行。

　　进度控制的重点是建设准备和建设实施阶段的进度控制。因为这两个阶段时间最长、影响因素最多、分工协作关系最复杂、变化也最大。但前期工作阶段所进行的进度决策又是实施阶段进度控制的前提和依据，其预见性和科学性对整个进度控制的成败具有决定性的影响。进度控制总程序如下。

　　（1）项目建议书阶段　通过机会研究和初步的可行性研究，在项目建议书报批文件中提出项目进度总安排的建议。它体现了建设单位对项目建设时间方面的预期目标。

　　（2）可行性研究阶段　可行性研究阶段对项目的实施进度进行较详细的研究。通过对项目竣工的时间要求和建设条件可能的相关分析，对不同进度安排的经济效果的比较，在可行性研究报告中提出最优的一个或两、三个备选方案。该报告经评估、审批后确定的建设总进度和分期、分阶段控制进度，就成为实施阶段进度控制的决策目标。

　　（3）设计阶段　设计阶段除进行设计进度控制外，还要对施工进度作进一步预测。设计进度本身也必须与施工进度相协调。

　　（4）建设准备阶段　建设准备阶段要控制征地、拆迁、场地清障和平整的进度，抓紧施工用水、电的施工。道路等建设条件的准备，组织材料、设备的订货，组织施工招标，办理各种协议，签订和有关主管部门的审批手续。这一阶段工作头绪繁多，上下左右间关系复杂。每一项疏漏或拖延都将留下建设条件的缺口，造成工程顺利开展的障碍或打乱进度的正常秩序。因此，这一阶段工作及其进度控制极为重要，绝不能掉以轻心。在这一阶段里还应通过编制与审批施工组织设计，确定施工总进度计划、首期或第一年工程的进度计划。

　　（5）建设实施阶段　建设实施阶段进度控制的重点是组织综合施工和进行偏差管理。项目管理者要全面做好进度的事前控制、事中控制和事后控制。除对进度的计划审批、施工条件的提供等预控环节和进度实施过程的跟踪管理外，还要着重协调好总包不能解决的内外界关系问题。当没有总包单位，建设安装的各项专业任务直接由建设单位分别发包时，计划的综合平衡和单位间协调配合的责任就更为重要。对进度的事后控制，就是要及早发现并尽快排除相互脱节和外界干扰，使进度始终处于受控状态，确保进度目标的逐步实现。与此同时，还要抓好项目动工的准备工作，为按期或提早项目动工创造必要而充分的条件。

（6）竣工验收阶段　项目管理者要督促和检查施工单位的自验、试运转和预验收；在具备条件后协助业主组织正式验收。

在本阶段中，有关建设与施工方之间的竣工结算和技术资料核查、归档、移交，施工遗留问题的返修、处理等，都会有大量涉及双方利益的问题需要协调解决。此外，还有各验收过程的大量准备工作，必须抓全、抓细、抓紧，才能加快验收的进度。

4.5.3　园林工程施工进度管理的方法和措施

4.5.3.1　施工进度控制的方法

（1）进度控制的行政方法　用行政方法控制进度，是指上级单位及上级领导人、本单位的领导层及领导人利用其行政地位和权力，通过发布进度指令进行指导、协调、考核，利用激励（奖、罚、表扬、批评）、监督等方式进行进度控制。

使用行政方法进行进度控制，优点是直接、迅速、有效，但应当注意其科学性，防止武断、主观、片面指挥。

行政方法应结合政府管理开展工作，指令要少些，指导要多些。

行政方法控制进度的重点应是进度控制目标的决策或指导，在实施中应尽量让实施者自己进行控制，尽量少进行行政干预。

国家通过行政手段审批项目建设和可行性研究报告，对重大项目或大中型项目的工期进行决策，批准年度基本建设计划，制订工期定额并督促其贯彻、实施，招投标办公室批准标底文件中的开竣工日期及总工期，等等，都是行之有效的控制进度的行政方法。实施单位应执行正确的行政控制措施。

（2）进度控制的经济方法　进度控制的经济方法，是指用经济手段对进度控制进行影响和控制。主要有以下几种。

① 银行通过对投资的投放速度控制工程项目的实施进度。

② 承发包合同中写进有关工期和进度的条款。

③ 建设单位通过招标的进度优惠条件鼓励施工单位加快进度。

④ 建设单位通过工期提前奖励和延期罚款实施进度控制。

⑤ 通过物资的供应数量和进度实施进行控制等。

用经济方法控制进度应在合同中明确，辅之以科学的核算，使进度控制产生的效果大于为此而进行的投入。

（3）进度控制的管理技术方法　进度控制的管理技术方法是指通过各种计划的编制、优化、实施、调整而实现进度控制的方法，包括流水作业方法、科学排序方法、网络计划方法、滚动计划方法、电子计算机辅助进度管理等。

4.5.3.2　施工进度的检查、统计和分析

在施工项目的实施过程中，为了进行进度控制，进度控制人员应经常地、定期地跟踪检查施工实际进度情况，主要是收集施工项目进度材料，进行统计整理

和对比分析，确定实际进度与计划进度之间的关系，其主要工作包括以下几方面。

（1）跟踪检查施工实际进度　为了对施工进度计划的完成情况进行统计、进行进度分析和调整计划提供信息，应对施工进度计划依据其实施记录进行跟踪检查。

跟踪检查施工实际进度是项目施工进度控制的关键措施。其目的是收集实际施工进度的有关数据。跟踪检查的时间和收集数据的质量，直接影响控制工作的质量和效果。

一般检查的时间间隔与施工项目的类型、规模、施工条件和对进度执行要求程度有关。通常可以确定每月、半月、旬或周进行一次。若在施工中遇到天气、资源供应等不利因素的严重影响，检查的时间间隔可临时缩短，次数应频繁，甚至可以每日进行检查。检查和收集资料的方式一般采用进度报表方式或定期召开进度工作汇报会。为了保证汇报资料的准确性，进度控制的工作人员，要经常到现场察看施工项目的实际进度情况，从而保证经常地、定期地准确掌握施工项目的实际进度。

根据不同需要，进行日查或定期检查的内容包括：

① 检查期内实际完成和累计完成工程量；
② 实际参加施工的人力、机械数量和生产效率；
③ 窝工人数、窝工机械台班数及其原因分析；
④ 进度偏差情况；
⑤ 进度管理情况；
⑥ 影响进度的特殊原因及分析。

（2）整理统计检查数据　收集到的施工项目实际进度数据，要进行必要的整理、按计划控制的工作项目进行统计，形成与计划进度具有可比性的数据，相同的量纲和形象进度。一般可以按实物工程量、工作量和劳动消耗量以及累计百分比整理和统计实际检查的数据，以便与相应的计划完成量相对比。

（3）对比实际进度与计划进度　将收集的资料整理和统计成具有与计划进度可比性的数据后，用施工项目实际进度与计划进度的比较方法进行比较。通常用的比较方法有：横道图比较法、S形曲线比较法、"香蕉"形曲线比较法、前锋线比较法和列表比较法等。通过比较得出实际进度与计划进度相一致、超前、拖后三种情况。

（4）施工项目进度检查结果的处理　施工项目进度检查的结果，按照检查报告制度的规定，形成进度控制报告向有关主管人员和部门汇报。

进度控制报告是把检查比较的结果，有关施工进度现状和发展趋势，提供给项目经理及各级业务职能负责人的最简单的书面形式报告。

进度控制报告是根据报告的对象不同，确定不同的编制范围和内容而分别编写的。一般分为项目概要级进度控制报告、项目管理级进度控制报告和业务管理级进度控制报告。

项目概要级的进度报告是报给项目经理、企业经理或业务部门以及建设单位或业主的。它是以整个施工项目为对象说明进度计划执行情况的报告。

项目管理级的进度报告是报给项目经理及企业业务部门的。它是以单位工程或项目分区为对象说明进度计划执行情况的报告。

业务管理级的进度报告是就某个重点部位或重点问题为对象编写的报告，供项目管理者及各业务部门为其采取应急措施而使用的。

进度报告由计划负责人或进度管理人员与其他项目管理人员协作编写。报告时间一般与进度检查时间相协调，也可按月、旬、周等间隔时间进行编写上报。

通过检查应向企业提供月度施工进度报告的内容主要包括：项目实施概况、管理概况、进度概要的总说明；项目施工进度、形象进度及简要说明；施工图纸提供进度；材料、物资、构配件供应进度；劳务记录及预测；日历计划；对建设单位、业主和施工者的工程变更指令、价格调整、索赔及工程款收支情况；进度偏差的状况和导致偏差的原因分析；解决问题的措施；计划调整意见等。

4.5.3.3 施工项目进度计划的比较

施工项目进度计划比较分析与计划调整是施工项目进度控制的主要环节。其中施工项目进度计划比较是调整的基础。这里介绍最常用的横道图比较法。

用横道图编制施工进度计划，指导施工的实施已是人们常用的、很熟悉的方法。它形象简明和直观，编制方法简单，使用方便。

横道图记录比较法，是把在项目施工中检查实际进度收集的信息，经整理后直接用横道线并列于原计划的横道线一起，进行直观比较的方法。例如某混凝土基础工程的施工实际进度计划与计划进度比较，见表 4-10。其中双细实线表示计划进度，粗实线则表示工程施工的实际进度。

表 4-10 某钢筋混凝土的施工实际进度与计划进度比较表

工作编号	工作名称	工作时间/天	施工进度																
			1	2	3	4	5	6	7	8	9	10	11	12	13	14	15	16	17
1	挖土方	6																		
2	支模板	6																		
3	绑扎钢筋	9																		
4	浇混凝土	6																		
5	回填土	6																		

从表 4-10 中可以看出，在第 8 天末进行施工进度检查时，挖土方工作已经完成；支模板的工作按计划进度应当完成，而实际施工进度只完成了 83％ 的任务，已经拖后了 17％；绑扎钢筋工作已完成了 44％ 的任务，施工实际进度与计

划进度一致。

通过上述记录与比较，发现了实际施工进度与计划进度之间的偏差，为采取调整措施提供了明确的任务。这是人们施工中进行施工项目进度控制经常用的一种最简单、熟悉的方法。但是它仅适用于施工中的各项工作都是按均匀的速度进行，即是每项工作在单位时间里完成的任务量都是相等的。

完成任务量可以用实物工程量、劳动消耗量和工作量三种物理量表示。为了比较方便，一般用它们实际完成量的累计百分比与计划的应完成量的累计百分比进行比较。

由于施工项目施工中各项工作的速度不一定相同，以及进度控制要求和提供的进度信息不同，可以采用以下几种方法。

（1）匀速施工横道图比较法　匀速施工是指项目施工中，每项工作的施工进展速度都是匀速的，即在单位时间内完成的任务量都是相等的，累计完成的任务量与时间成直线变化，如图 4-6 所示。作图比较方法的步骤如下。

① 编制横道图进度计划。

② 在进度计划上标出检查日期。

③ 将检查收集的实际进度数据，按比例用涂黑的粗线标于计划进度线的下方。

④ 比较分析实际进度与计划进度。

a. 涂黑的粗线右端与检查日期相重合，表明实际进度与施工计划进度相一致。

b. 涂黑的粗线右端在检查日期的左侧，表明实际进度拖后。

c. 涂黑的粗线右端在检查日期的右侧，表明实际进度超前。

必须指出：该方法只适用于工作从开始到完成的整个过程中，其施工速度是不变的，累计完成的任务量与时间成正比，如图 4-6 所示。若工作的施工速度是变化的，则这种方法不能进行工作的实际进度与计划进度之间的比较。

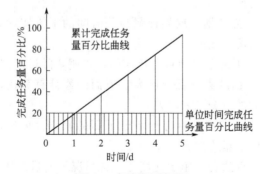

图 4-6　匀速施工关系图

（2）双比例单侧横道图比较法　匀速施工横道图比较法，只适用于施工进展速度是不变的情况下施工实际进度与计划进度之间的比较。当工作在不同的单位时间里的进展速度不同时，累计完成的任务量与时间的关系不是呈直线变化的，如图 4-7 所示，按匀速施工横道图比较法绘制的实际进度涂黑粗线，不能反映实际进度与计划进度完成任务量的比较情况。这种情况的进度比较可以采用双比例单侧横道图比较法。

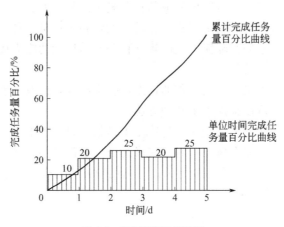

图 4-7　非匀速施工关系图

双比例单侧横道图比较法是适用工作的进度按变速进展的情况下，工作实际进度与计划进度进行比较的一种方法。它是在表示工作实际进度的涂黑粗线同时，在表上标出某对应时刻完成任务的累计百分比，将该百分比与其同时刻计划完成任务累计百分比相比较，判断工作的实际进度与计划进度之间的关系的一种方法。其比较方法的步骤如下。

① 编制横道图进度计划。

② 在横道线上方标出各工作主要时间的计划完成任务累计百分比。

③ 在计划横道线的下方标出工作的相应日期实际完成的任务累计百分比。

④ 用涂黑粗线标出实际进度线，并从开工日标起，同时反映出施工过程中工作的连续与间断情况。

⑤ 对照横道线上方计划完成累计量与同时间的下方实际完成累计量，比较出实际进度与计划进度的偏差。

a. 当同一时刻上下两个累计百分比相等，表明实际进度与计划进度一致。

b. 当同一时刻上面的累计百分比大于下面的累计百分比，表明该时刻实际施工进度拖后，拖后的量为二者之差。

c. 当同一时刻上面的累计百分比小于下面的累计百分比，表明该时刻实际施工进度超前，超前的量为二者之差。

这种比较法，不仅适合于施工速度是变化情况下的进度比较，同时除找出检查日期进度比较情况外，还能提供某一指定时间二者比较情况的信息。当然，要求实施部门按规定的时间记录当时的完成情况，如图 4-8 所示。

值得指出：由于工作的施工速度是变化的，因此横道图中进度横线，不管计

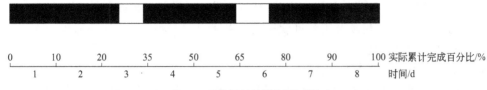

图 4-8 双比例单侧横道图比较法

划的还是实际的，都是表示工作的开始时间、持续天数和完成时间，并不表示计划完成量和实际完成量，这两个量分别通过标注在横道线上方及下方的累计百分比数量表示。实际进度的涂黑粗线是从实际工程的开始日期画起，若工作实际施工间断，亦可在图中涂黑粗线上做相应的空白。

4.5.3.4 园林工程施工进度管理的措施

进度控制的措施包括组织措施、技术措施、经济措施与合同措施等。

（1）组织措施

① 建立包括监理单位、建设单位、设计单位、施工单位、供应单位等进度控制体系，明确各方的人员配备、进度控制任务和相互关系。

② 建立进度报告制度和进度信息沟通网络。

③ 建立进度协调会议制度。

④ 建立进度计划审核制度。

⑤ 建立进度控制检查制度和调度制度。

⑥ 建立进度控制分析制度。

⑦ 建立图纸审查、及时办理工程变更和设计变更手续的措施。

（2）合同措施

① 加强合同管理，加强组织、指挥、协调，以保证合同进度目标的实现。

② 控制合同变更，对有关工程变更和设计变更，应通过监理工程师严格审查后补进合同文件中。

③ 加强风险管理，在合同中充分考虑风险因素及其对进度的影响、处理办法等。

（3）技术措施

① 采用多级网络计划技术和其他先进适用的计划技术。

② 组织流水作业，保证作业连续、均衡、有节奏。

③ 缩短作业时间、减少技术间歇的技术措施。

④ 采用电子计算机控制进度的措施。

⑤ 采用先进高效的技术和设备。

（4）经济措施

① 对工期缩短给予奖励。

② 对应急赶工给予优厚的赶工费。

③ 对拖延工期给予罚款、收赔偿金。

④ 提供资金、设备、材料、加工订货等供应时间保证措施。

⑤ 及时办理预付款及工程进度款支付手续。

⑥ 加强索赔管理。

4.5.3.5　施工进度控制的总结

施工项目经理部应在施工进度计划完成后，及时进行施工进度控制总结，为进度控制提供反馈信息。

（1）施工进度控制总结依据的资料

① 施工进度计划。

② 施工进度计划执行的实际记录。

③ 施工进度计划检查结果。

④ 施工进度计划的调整资料。

（2）施工进度控制总结内容

① 合同工期目标和计划工期目标完成情况。

② 施工进度控制经验。

③ 施工进度控制中存在的问题。

④ 科学的施工进度计划方法的应用情况。

⑤ 施工进度控制的改进意见。

4.6 施工项目成本控制

4.6.1　园林工程施工项目成本计划

4.6.1.1　施工项目成本计划的概念

成本计划是过去计划经济体制下施工技术财务计划体系的重要内容，曾对施工项目保证工程质量、保证工程进度、降低施工成本，起到过重要的推动作用。现在，随着传统的"三级管理，两级核算"的行政体制向项目制核算体制转变，运用好施工项目成本计划将会收到更好的经济效益。

项目成本计划是项目全面计划管理的核心。项目计划体系，是将工期、质量、安全和成本目标高度统一，形成以项目质量管理为核心，以施工网络计划和成本计划为主体，以人工、材料、机械设备和施工准备工作计划为支持的计划体系。成本计划体系，是将编制项目质量手册、施工组织设计、施工预算或项目计划成本、项目成本计划有机结合，其内容涉及项目范围内的人、财、物和项目管理职能部门等方方面面，是受企业成本计划制约而又相对独立的计划体系。施工项目成本计划的实现，依赖于项目组织对生产要素的有效控制。项目作为基本的成本核算单位，有利于项目成本计划管理体制的改革和完善，有利于解决传统体制下施工预算与计划成本、施工组织设计与项目成本计划相互脱节的问题，为改革施工组织设计，提供了有利的条件和环境。

4.6.1.2 施工项目成本计划的特征

成本计划在过去的工程项目中是人们对常见的工程项目进行费用预算或估算，并以此为依据进行项目的经济分析和决策，也是签订合同、落实责任、安排资金的工具。在现代的项目成本管理中，成本计划已经不仅仅局限于事先的成本预算、投资计划，或作为投标报价、安排工程成本进度计划的依据。施工项目成本计划的特征主要有以下几方面。

（1）积极主动的成本计划 成本计划不仅仅是被动地按照已确定的技术设计、工期、实施方案和施工环境预算的工程成本，还包括进行技术经济分析，从总体上考虑项目工期、成本、质量和实施方案之间的相互影响和平衡，以寻求最优的解决途径。

（2）采用全寿命期成本计划方法 成本计划不仅针对建设成本，还要考虑运营成本的高低。在通常情况下，对施工项目的功能要求高、建设标准高，则施工过程中的工程成本增加，但今后使用期内的运营费用会降低；反之，如果工程成本低，则运营费用会提高。这就在确定成本计划时产生了争执，于是通常通过对项目全寿命期做总经济性比较和费用优化来确定项目的成本计划。

（3）全过程的成本计划管理 项目不仅在计划阶段进行周密的成本计划，而且要在实施过程中将成本计划和成本控制合为一体，不断根据新情况，如工程设计的变更、施工环境的变化等，随时调整和修改计划，预测项目施工结束时的成本状况以及项目的经济效益，形成一个动态控制过程。

（4）成本计划的目标 成本计划的目标不仅是项目建设成本的最小化，同时必须与项目盈利的最大化相统一。盈利的最大化经常是从整个项目的角度分析的。如经过对项目的工期和成本的优化选择一个最佳的工期，以降低成本，但是，如果通过加班加点适当压缩工期，使得项目提前竣工投入使用，根据合同获得的奖金高于工程成本的增加额，这时成本的最小化与盈利的最大化并不一致，从项目的整体经济效益出发，提前完工是值得的。

此外，施工项目成本计划还具有时间紧、计划范围扩大等特征，如投标时间短、要求报价快、精度高，成本计划中还要包括融资计划等。

4.6.1.3 施工项目成本计划编制的原则

成本计划的编制是一项涉及面较广、技术性较强的管理工作，为了充分发挥成本计划的作用，在编制成本计划时，必须遵循的原则如下。

（1）合法性原则 编制施工项目成本计划时，必须严格遵守国家的有关法令、政策及财务制度的规定，严格遵守成本开支范围和各项费用开支标准，任何违反财务制度的规定，随意扩大或缩小成本开支范围的行为，必然使计划失去考核实际成本的作用。

（2）可比性原则　成本计划应与实际成本、前期成本保持可比性。为了保证成本计划的可比性，在编制计划时应注意所采用的计算方法，应与成本核算方法保持一致（包括成本核算对象、成本费用的汇集、结转、分配方法等）。只有保证成本计划的可比性，才能有效地进行成本分析，才能更好地发挥成本计划的作用。

（3）从实际情况出发的原则　编制成本计划必须从企业的实际情况出发，充分挖掘企业的内部潜力，使降低成本指标既积极可靠，又切实可行。施工项目管理部门降低成本的潜力在于正确选择施工方案，合理组织施工，提高劳动生产率，改善材料供应，降低材料消耗，提高机械设备利用率，节约施工管理费用等。注意不能为降低成本而偷工减料，忽视质量，不对机械设备进行必要的维护修理，片面增加劳动强度，加班加点，或减掉合理的劳保费用，忽视安全工作。

（4）与其他计划结合的原则　编制成本计划，必须与施工项目的其他各项计划如施工方案、生产进度、财务计划、资料供应及耗费计划等密切结合，保持平衡。即成本计划一方面要根据施工项目的生产、技术组织措施、劳动工资、材料供应等计划来编制，另一方面又影响着其他各种计划指标，在制订其他计划时，应考虑适应降低成本的要求，与成本计划密切配合，而不能单纯考虑每一种计划本身的需要。

（5）弹性原则　编制成本计划，应留有充分余地，保持计划具有一定的弹性。在计划期内，项目经理部的内部或外部的技术经济状况和供产销条件，很可能发生一些在编制计划时所未预料的变化，尤其是材料的市场价格千变万化，给计划拟订带来很大困难，因而在编制计划时应充分考虑到这些情况，使计划保持一定的应变适应能力。

（6）先进可行性原则　成本计划既要保持先进性，又必须现实可行，否则就会因计划指标过高或过低而使之失去应有的作用。这就要求编制成本计划必须以各种先进的技术经济定额为依据，并针对施工项目的具体特点，采取切实可行的技术组织措施保证。只有这样，才能使制订的成本计划既有科学根据，又有实现的可能，成本计划才能起到促进和激励的作用。

（7）统一领导、分级管理原则　编制成本计划，应实行统一领导、分级管理的原则，采取走群众路线的工作方法，应在项目经理的领导下，以财务和计划部门为中心，发动全体职工总结降低成本的经验，找出降低成本的正确途径，使成本计划的制订和执行具有广泛的群众基础。

4.6.1.4　施工项目成本计划的编制资料

编制施工项目成本计划所需要的资料主要包括以下几方面。

（1）成本预测与决策资料。

（2）测算的目标成本资料。

（3）与成本计划有关的其他生产经营计划资料，如工程量计划、物资消耗计划、工资计划、固定资产折旧计划、项目质量计划、银行借款计划等。

（4）施工项目上期成本计划执行情况及分析资料。

（5）历史成本资料。

（6）同类行业、同类产品成本水平资料。

4.6.2　园林工程施工项目成本管理

4.6.2.1　施工项目成本控制的对象与内容

（1）施工项目成本控制的对象　施工项目成本控制的对象可以从以下几个方面加以考虑。

① 以施工项目成本形成的过程作为控制的对象。对施工项目成本的形成进行全过程、全面的控制，具体的控制内容包括以下几方面。

a. 在工程投标阶段，根据工程概况和招标文件，进行项目成本预测，提出投标决策意见。

b. 在施工准备阶段，结合设计图纸的自审、会审和其他资料（如地质勘探资料等），编制实施性施工组织设计，通过多方案的技术经济比较，从中选择经济合理、先进可行的施工方案，编制成本计划，进行成本目标风险分析，对项目成本进行事前控制。

c. 在施工阶段，以施工图预算、施工定额和费用开支标准等，对实施发生的成本费用进行控制。

d. 在竣工交付使用及保修与养护期阶段，对竣工验收过程发生的费用和保修、养护费用进行控制。

② 以施工项目的职能部门、施工队和班组作为成本控制的对象。成本控制的具体内容是日常发生的各种费用和损失。它们都发生在施工项目的各个部门、施工队和班组。因此，成本控制也应以部门、施工队和班组作为成本控制对象，将施工项目总的成本责任进行分解，形成项目的成本责任系统，明确项目中每个成本中心应承担的责任，并据此进行控制和考核。

③ 以分部分项工程作为成本控制的对象。为了把成本控制工作做得扎实、细致，落到实处，应以分部分项工程作为成本控制的对象。根据分部分项工程的实物量，参照施工预算定额，编制施工预算，分解成本计划，按分部分项工程分别计算工、料、机的数量及单价，以此作为成本控制的标准，对分部分项工程进行成本控制的依据。

④ 以对外经济合同作为成本控制的对象。施工项目的对外经济业务，都应通过经济合同明确双方的权利和义务。施工项目对外签订各种经济合同时，应将合同中涉及的数量、单价以及总金额控制在预算以内。

（2）施工项目成本控制的内容　对施工项目的成本进行日常控制必须全员参与，根据各自的分工不同对各自成本控制的内容负责。

① 施工技术和计划部门或职能人员。

a. 根据实施性施工组织设计的进度安排以及业主的要求，合理安排施工计划，及时下达施工任务单，科学地组织，动态地管理施工。及时组织验收结算，收回工程款，保证施工所用资金的周转，避免业主不及时拨款，占用施工企业资金的情况。

b. 根据业主工程价款的到位情况组织施工，避免垫付资金施工。

② 材料、设备部门或职能人员。

a. 控制材料、构配件的储备量，处理超储积压的材料、构配件。这样可以盘活储备资金，加速流动资金的周转。

b. 控制材料、构配件的采购成本。如尽量就地取材，选择最经济的运输方式，选择最低费用的包装，尽量做到采购的材料、构配件直接进入施工现场，减少中间环节，减少业务提成。

c. 控制材料、构配件的质量。坚持做到"三证"不全不入施工现场和仓库，确保材料、构配件的质量，同时也减少了次品的损失。

d. 坚持限额领发料、退料制度，控制材料的超消耗。

③ 财务部门或职能人员。

a. 控制间接成本按照制订的间接成本使用计划执行。特别是财务费用及责任中心不可控的成本费用，如上交的管理费、固定资产大修理费、税金、提取的工会经费、劳动保险费、待业保险费、机械进退场费等。施工项目成本应承担的财务费用主要是为项目筹集和使用资金额而发生的利息支出和金融机构手续费，应积极调剂资金的余缺，减少利息的支出。

b. 严格其他应收款、预付款的支付手续，如购买材料、构配件、分包工程等预付款。应做到手续完善，有支付依据，有预付款对方开户银行出具的资信证明，预付款不得超过合同价款的80%，并经项目经理部领导集体研究确定。

c. 其他费用的控制按照规定的标准、定额执行。

d. 对分包商、施工队支付工程价款时，应手续齐全，必须有技术部门及计划部门验工计价单，项目经理签字方可付款。

④ 其他部门或职能人员。其他部门或职能人员，根据分工不同严格控制施工成本。如安全质量管理部门或职能人员必须做到质量、安全不出大事故；劳资部门或职能人员对临时工应严格管理控制其发生的工费等。

⑤ 施工队（含机械作业队）。施工队（含机械作业队）主要控制施工项目的人工费、材料费、机械使用费以及可控的间接成本。

⑥ 施工班组（含机组）。施工队（含机械作业队）的班组（含机组）主要是控制人工费、材料费和机械使用费。要求做到严格限额领料和退料手续，加强劳动管理，避免窝工、返工，从而提高劳动效率。机组还应严格控制燃料、动力费和经常修理费，坚持机械的维修保养制度，保持设备的完好率、利用率和出勤率，达到提高机械设备使用效率的目的。

4.6.2.2 施工项目成本控制的组织和分工

施工项目的成本控制，不仅仅是专业成本人员的责任，所有的项目管理人员，特别是项目经理，都要按照自己的业务分工各负其责。强调成本控制，一方面，是因为成本控制的重要性，是诸多当今国际指标中的必要指标之一；另一方面，还在于成本指标的综合性和群众性，既要依靠各部门、各单位的共同努力，又要由各部门、各单位共享低成本的成果。为了保证项目成本控制工作的顺利进行，需要把所有参加项目建设的人员组织起来，并按照各自的分工开展工作。

（1）建立以项目经理为核心的项目成本控制体系 项目经理负责制，是项目管理的特征之一。实行项目经理负责制，就是要求项目经理对项目建设的进度、质量、成本、安全和现场管理标准化等全面负责，特别要把成本控制放在首位，因为成本失控，必然影响项目的经济效益，难以完成预期的成本目标，更无法向职工交代。

（2）建立项目成本管理责任制 项目管理人员的成本责任，不同于工作责任。有时工作责任已经完成，甚至还完成得相当出色，但成本责任却没有完成。例如：项目工程师贯彻工程技术规范认真负责，对保证工程质量起了积极的作用，但往往强调了质量，忽视了节约，影响了成本。又如：材料员采购及时，供应到位，配合施工得力，值得赞扬，但在材料采购时就远不就近，就次不就好，就高不就低，既增加了采购成本，又不利于工程质量。因此，应该在原有职责分工的基础上，还要进一步明确成本管理责任，使每一个项目管理人员都有这样的认识：在完成工作责任的同时还要为降低成本精打细算，为节约成本开支严格把关。

这里所说的成本管理责任制，是指各项目管理人员在处理日常业务中对成本管理应尽的责任。要求联系实际整理成文，并作为一种制度加以贯彻。具体说明如下。

① 合同预算员的成本管理责任。

a. 根据合同内容、预算定额和有关规定，充分利用有利因素，编好施工图预算，为增收节支把好第一关。

b. 深入研究合同规定的"开口"项目，在有关项目管理人员（如项目工程师、材料员等）的配合下，努力增加工程收入。

c. 收集工程变更资料（包括工程变更通知单、技术核定单和按实际结算的资料等），及时办理增加账，保证工程收入，及时收回垫付的资金。

d. 参与对外经济合同的谈判和决策，以施工图预算和增加账为依据，严格控制经济合同的数量、单价和金额，切实做到"以收定支"。

② 工程技术人员的成本管理责任。

a. 根据施工现场的实际情况，合理规划施工现场平面布置（包括机械布局，材料、构件的堆放场地，车辆进出现场的运输道路，临时设施的搭建数量和标准等），为文明施工、减少浪费创造条件。

b. 严格执行工程技术规范和以预防为主的方针，确保工程质量，减少零星修补，消灭质量事故，不断降低质量成本。

c. 根据工程特点和设计要求，运用自身的技术优势，采取实用、有效的技术组织措施和合理化建议，走技术与经济相结合的道路，为提高项目经济效益开拓新的途径。

d. 严格执行安全操作规程，减少一般安全事故，消灭重大人身伤亡事故和设备事故，确保安全生产，将事故损失降低到最低限度。

③ 材料员的成本管理责任。

a. 材料采购和构件加工，要选择质高、价低、运距短的供应（加工）单位。对到场的材料、构件要正确计算，认真验收，如遇质量差、量不足的情况，要进行索赔。切实做到：一要降低材料、构件的采购（加工）成本；二要减少采购（加工）过程中的管理损耗，为降低材料成本走好第一步。

b. 根据项目施工的计划进度，及时组织材料、构件的供应，保证项目施工的顺利进行，防止因停工待料造成损失。在构件加工的过程中，要按照施工顺序组织配套供应，以免因规格不齐造成施工间隙，浪费时间，浪费人力。

c. 在施工过程中，严格执行限额领料制度，控制材料损耗；同时，还要做好余料的回收和利用，为考核材料的实际损耗水平提供正确的数据。

d. 钢管脚手和钢模板等周转材料，进出现场都要认真清点，正确核实并减少赔损数量；使用以后，要及时回收、整理、堆放，并及时退场，既可节省租费，又有利于场地整洁，还可加速周转，提高利用效率。

e. 根据施工生产的需要，合理安排材料储备，减少资金占用，提高资金利用效率。

④ 机械管理人员的成本管理责任。

a. 根据工程特点和施工方案，合理选择机械的型号规格，充分发挥机械的效能，节约机械费用。

b. 根据施工需要，合理安排机械施工，提高机械利用率，减少机械费成本。

c. 严格执行机械维修保养制度，加强平时的机械维修保养，保证机械完好，随时都能保持良好的状态在施工中正常运转，为提高机械作业、减轻劳动强度、加快施工进度发挥作用。

⑤ 行政管理人员的成本管理责任。

a. 根据施工生产的需要和项目经理的意图，合理安排项目管理人员和后勤服务人员，节约工资性支出。

b. 具体执行费用开支标准和有关财务制度，控制非生产性开支。

c. 管好行政办公用的财产物资，防止损坏和流失。

d. 安排好生活后勤服务，在勤俭节约的前提下，满足职工的生活需要，为前方安心生产出力。

⑥ 财务成本人员的成本管理责任。

a. 按照成本开支范围、费用开支标准和有关财务制度，严格审核各项成本费用，控制成本开支。

b. 建立月度财务收支计划制度，根据施工生产的需要，平衡调度资金，通过控制资金使用，达到控制成本的目的。

c. 建立辅助记录，及时向项目经理和有关管理人员反馈信息，以便对资源消耗进行有效的控制。

d. 开展成本分析，特别是分部分项工程成本分析、月度成本综合分析和针对特定问题的专题分析，要做到及时向项目经理和有关项目管理人员反映情况，提出问题和解决问题的建议，以便采取针对性的措施来纠正项目成本的偏差。

e. 在项目经理的领导下，协助项目经理检查、考核各部门、各单位乃至班组责任成本的执行情况，落实责、权、利相结合的有关规定。

（3）实行对施工队分包成本的控制

① 对施工队分包成本的控制。在管理层与劳务层两层分离的条件下，项目经理部与施工队之间需要通过劳务合同建立发包与承包的关系。在合同履行过程中，项目经理部有权对施工队的进度、质量、安全和现场管理标准进行管理，同时按合同规定支付劳务费用。至于施工队成本的节约和超支，属于施工队自身的管理范畴，项目经理部无权过问，也不应该过问。这里所说的对施工队分包成本的控制，是指以下几方面。

a. 工程量和劳动定额的控制。项目经理部与施工队的发包和承包，是以实物工程量和劳务定额为依据的。在实际施工中，由于业主变更使用需要等原因，往往会发生工程设计和施工工艺的变更，使工程数量和劳动定额与劳务合同互有出入，需要按实调整承包金额。对于上述变更事项，一定要强调事先的技术签证，严格控制合同金额的增加；同时，还要根据劳务费用增加的内容，及时办理增减账，以便通过工程款结算，从甲方取得补偿。

b. 估点工的控制。由于园林绿化施工的特点，施工现场经常会有一些零星任务出现，需要施工队去完成。而这些零星任务，都是事先无法预见的，只能在劳务合同规定的定额用工以外另行估工或点工，这就会增加相应的劳务费用支出。为了控制估点工的数量和费用，可以采取以下方法：一是对工作量比较大的任务工作，通过领导、技术人员和生产骨干"三结合"讨论确定估工定额，使估点工的数量控制在估工定额的范围以内；二是按定额用工的一定比例（5%～10%）由施工队包干，并在劳务合同中明确规定。一般情况下，应以第二种方法为主。

c. 坚持奖罚分明的原则。实践证明，项目建设的速度、质量、效益，在很大程度上都取决于施工队的素质和在施工中的具体表现。因此，项目经理部除要对施工队加强管理以外，还要根据施工队完成施工任务的业绩，对照劳务合同规定的标准，认真考核，分清优劣，有奖有罚。在掌握奖罚尺度时，首先要以奖励为主，以激励施工队的生产积极性；但对达不到工期、质量等要求的情况，也要照章罚款并赔偿损失。这是一件事情的两个方面，必须以事实为依据，才能收到相辅相成的效果。

② 落实生产班组的责任成本。生产班组的责任成本就是分部分项工程成本。其中：实耗人工属于施工队分包成本的组成部分，实耗材料则是项目材料费的构成内容。因此，分部分项工程成本既与施工队的效益有关，又与项目成本不可分割。

生产班组的责任成本，应由施工队以施工任务单和限额领料单的形式落实给生产班组，并由施工队负责回收和结算。

签发施工任务单和限额领料单的依据为：施工预算工程量、劳动定额和材料消耗定额。在下达施工任务的同时，还要向生产班组提出进度、质量、安全和文明施工的具体要求，以及施工中应该注意的事项。以上这些，也是生产班组完成责任成本的制约条件。在任务完成后的施工任务单结算中，需要联系责任成本的实际完成情况进行综合考评。

由此可见，施工任务单和限额领料单是项目管理中最基本、最扎实的基础管理，它不仅能控制生产组的责任成本，还能使项目建设的快速、优质、高效建立在坚实的基础之上。

4.6.3　园林工程施工项目成本核算

4.6.3.1　施工项目成本核算的任务和要求

施工项目成本核算在施工项目成本管理中的地位非常重要，它反映和监督施工项目成本计划的完成情况，为项目成本预测、技术经济评价、参与经营决策提供可靠的成本报告和有关信息，促进项目改善经营管理，降低成本，提高经济效益是施工项目成本核算的根本目的。

施工项目成本核算的先决前提和首要任务是执行国家有关成本开支范围、费用开支标准、工程预算定额和企业施工预算、成本计划的有关规定，控制费用，促使项目合理使用人力、物力和财力。

项目成本核算的主体和中心任务是正确、及时核算施工过程中发生的各项费用，计算施工项目的实际成本。

为了充分发挥项目成本核算的作用，要求施工项目成本核算必须遵守以下基本要求。

（1）做好成本核算的基础工作

① 建立、健全材料、劳动、机械台班等内部消耗定额以及材料、作业、劳务等的内部计价制度。

② 建立、健全各种财产物资的收发、领退、转移、报废、清查、盘点、索赔制度。

③ 建立、健全与成本核算有关的各项原始记录和工程量统计制度。

④ 完善各种计量检测设施，建立、健全计量检测制度。

⑤ 建立、健全内部成本管理责任制。

（2）正确、合理地确定工程成本计算期　我国会计制度要求，施工项目工程成本的计算期应与工程价款结算方式相适应。施工项目的工程价款结算方式一般有按月结算或按季结算的定期结算方式和竣工后一次结算方式，据此，在确定工程成本计算期进行成本核算时应按以下原则处理。

① 园林绿化、建筑及安装工程一般应按月或按季计算当期已完工程的实际成本。

② 实行内部独立核算的园林绿化企业应按月计算产品、作业和材料的成本。

③ 改、扩建零星工程以及施工工期较短（一年以内）的单位工程或按成本核算对象进行结算的工程，可相应采取竣工后一次结算工程成本。

④ 对于施工工期长、受气候条件影响大、施工活动难以在各个月份均衡开展的施工项目，为了合理负担工程成本，对某些间接成本应按年度工程量分配计算成本。

（3）遵守国家成本开支范围，划清各项费用开支界限 成本开支范围，是指国家对企业在生产经营活动中发生的各项费用允许在成本中列支的范围，它体现着国家的财经方针和制度对企业成本管理的规定和要求。同时也是企业按现行制度规定，有效地进行成本管理，提高成本的可比性，降低成本，严格控制成本开支，避免重计、漏计或挤占成本的基本依据。为此要求在施工项目成本核算中划清下列各项费用开支的界限。

① 划清成本、费用支出和非成本、费用支出的界限。这是指划清不同性质的支出，如划清资本性支出和收益性支出，营业支出与营业外支出。施工项目为取得本期收益而在本期内发生的各项支出即为收益性支出，根据配比原则，应全部计入本期施工项目的成本或费用。营业外支出是指与企业的生产经营没有直接关系的支出，若将之计入营业成本，则会虚增或少计施工项目的成本或费用。

另外，《施工、房地产企业财务制度》第 59 条规定："企业的下列支出，不得列入成本、费用：为购置和建造固定资产、无形资产和其他资产的支出；对外投资的支出；没收的财物，支付的滞纳金、罚款、违约金、赔偿金，以及企业赞助、捐赠支出；国家法律、法规规定以外的各种付费；国家规定不得列入成本、费用的其他支出。"

② 划清施工项目工程成本和期间费用的界限。根据财务制度的规定：为工程施工发生的各项直接成本，包括人工费、材料费、机械使用费和其他直接费，直接计入施工项目的工程成本。为工程施工而发生的各项间接成本在期末按一定标准分配计入有关成本核算对象的工程成本。根据我国现行的成本核算办法——制造成本法，企业发生的管理费用（企业行政管理部门为管理和组织经营活动而发生的各项费用）、财务费用（企业为筹集资金而发生的各项费用）以及销售费用（企业在销售产品或者提供劳务过程中发生的各项费用），作为期间费用，直接计入当期损益，并不构成施工项目的工程成本。

③ 划清各个成本核算对象的成本界限。对施工项目组织成本核算，首先应

划分若干成本核算对象，施工项目成本核算对象一经确定，就不得变更，各个成本核算对象的工程成本不可"张冠李戴"，否则就失去了成本核算和管理的意义，造成成本不实，歪曲成本信息，导致决策失误。财务部门应为每一个成本核算对象设置一个工程成本明细账。并根据工程成本项目核算工程成本。

④ 划清本期工程成本和下期工程成本的界限。划清这两者的界限，是会计核算的配比原则和权责发生制原则的要求，对于正确计算本期工程成本是十分重要的。本期工程成本是指应由本期工程负担的生产耗费，不论其收付发生是否在本期，应全部计入本期的工程成本，如本期计提的，实际尚未支付的预提费用；下期工程成本是指应由以后若干期工程负担的生产耗费，不论其是否在本期内收付发生，均不得计入本期工程成本，如本期实际发生的，应计入由以后分摊的待摊费用。

⑤ 划清已完工程成本和未完工程成本的界限。施工项目成本的真实度取决于未完工程和已完工程成本界限的正确划分，以及未完工程和已完工程成本计算方法的正确度。按期结算的施工项目，要求在期末通过实地盘点确认未完施工，并按估量法、估价法等合理的方法，计算期末未完工程成本，再根据期初未完工程成本、本期工程成本和期末未完工程成本统计本期已完工程成本；竣工后一次结算的施工项目，期末未完工程成本是指该成本核算对象成本明细账所反映的、自开工起至当期期末累积发生的工程成本，已完工程成本是指自开工起至竣工累积发生的工程成本。正确划清已完工程成本和未完工程成本的界限，重点是防止期末任意提高或降低未完工程成本，借以调节已完工程成本。

上述几个成本费用界限的划分过程，实际上也是成本计算过程，只有划清各成本的界限，施工项目成本核算才可能正确。这些成本费用的划分是否正确，是检查评价项目成本核算是否遵循基本核算原则的重要标志。但也应指出，不能将成本费用界限划分地过于绝对化，因为有些成本费用的分配方法具有一定的假定性，成本费用的界限划分只能做到相对正确，片面地花费大量人力、物力以追求成本费用划分的绝对精确是不符合成本-效益原则的。

4.6.3.2　施工项目成本核算体系

项目经理部与企业内部劳务市场、材料市场、机械设备租赁市场、技术市

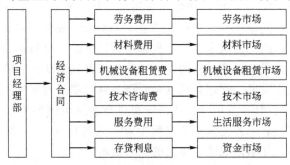

图 4-9　施工项目成本核算体系

场、生活服务市场、资金市场等内部市场主体之间的关系是租赁或买卖关系，一切都以经济合同结算关系为基础。它们以外部市场通行的市场规则和企业内部相应的调控手段相结合的原则运行，构成了以项目经理部为成本核算中心的项目成本核算体系。如图 4-9 所示。

4.7 项目施工安全和环境管理

4.7.1　园林工程施工安全管理

园林工程施工企业要做好安全管理，首要任务是建立健全各项安全管理制度，并把安全工作落实到工程计划、设计、施工、检查等各个环节之中，把握园林工程施工中重要的安全管理点，将安全管理责任落实到具体的岗位和管理人员，从根本上解决安全管理问题。

园林工程施工安全管理是施工中避免发生事故，杜绝劳动伤害，保证良好施工环境的管理活动，是保护职工安全健康的企业管理制度，是顺利完成工程施工的重要保证。

4.7.1.1　园林工程施工安全管理的主要内容

在园林工程施工过程中，安全管理的内容主要包括对实际投入的施工要素及作业、生产活动的实施状态和结果所进行的管理和控制。包括作业技术活动的安全管理、施工现场文明施工管理、劳动保护管理、职业卫生管理、消防安全管理和季节施工安全管理等。

（1）作业技术活动的安全管理　园林工程的施工过程体现在一系列的现场施工作业和管理活动中，作业和管理活动的效果将直接影响到施工过程的施工安全。为确保园林建设工程项目施工安全，工程项目管理人员要对施工过程进行全过程、全方位的动态管理。作业技术活动的安全管理主要内容如下。

① 从业人员的资格、持证上岗和现场劳动组织的管理。园林工程施工现场管理人员和操作人员必须具备相应的执业资格、上岗资格和任职能力，符合政府有关部门的规定。现场劳动组织的管理包括从事作业活动的操作者、管理者以及相应的各种管理制度，操作人员数量必须满足作业活动的需要，工种配置合理，管理人员到位，管理制度健全，并能保证其落实和执行。

② 从业人员施工中安全教育培训的管理。园林工程施工单位施工现场项目负责人应按安全教育培训制度的要求，对进入施工现场的从业人员进行安全教育培训。安全教育培训的内容主要包括新工人"三级安全教育"、变换工种安全教育、转场安全教育、特种作业安全教育、班前安全活动交底、周一安全活动、季节性施工安全教育、节假日安全教育等。施工单位项目经理部应落实安全教育培训制度的实施，定期检查考核实施情况及实际效果，保存教育培训实施记录、检查与考核记录等。

③ 作业安全技术交底的管理。安全技术交底由园林工程施工单位技术管理人员根据工程的具体要求、特点和危险因素编写，是操作者的指令性文件。其内容主要包括该工程的施工作业特点和危险点、具体预防措施、应注意的安全事项、相应的安全操作规程和标准、发生事故后应及时采取的避难和急救措施等。

作业安全技术交底的管理重点内容主要体现在两点上，首先应按安全技术交底的规定实施和落实；其次应针对不同工种、不同施工对象，或分阶段、分部、分项、分工种进行安全交底。

④ 对施工现场危险部位安全警示标志的管理。在园林工程施工现场入口处、起重设备、临时用电设施、脚手架、出入通道口、楼梯口、孔洞口、桥梁口、基坑边沿、爆破物及危险气体和液体存放处等危险部位应设置明显的安全警示标志。安全警示标志必须符合《安全标志及其使用导则》（GB 2894—2008）的规定。

⑤ 对施工机具、施工设施使用的管理。施工机械在使用前，必须由园林施工单位机械管理部门对安全保险、传动保护装置及使用性能进行检查、验收，填写验收记录，合格后方可使用。使用中，应对施工机具、施工设施进行检查、维护、保养和调整等。

⑥ 对施工现场临时用电的管理。园林工程施工现场临时用电的变配电装置、架空线路或电缆干线的敷设、分配电箱等用电设备，在组装完毕通电投入使用前，必须由施工单位安全部门与专业技术人员共同按临时用电组织设计的规定检查验收，对不符合要求处须整改，待复查合格后填写验收记录。使用中由专职电工负责日常检查、维护和保养。

⑦ 对施工现场及毗邻区域地下管线、建（构）筑物等专项防护的管理。园林施工单位应对施工现场及毗邻区域地下管线，如供水、供电、供气、供热、通信、光缆等地下管线，相邻建筑物、构筑物、地下工程等采取专项防护措施，特别是在城市市区施工的工程，为确保其不受损，施工中应组织专人进行监控。

⑧ 安全验收的管理。安全验收必须严格遵照国家标准、规定，按照施工方案或安全技术措施的设计要求，严格把关，并办理书面签字手续，验收人员对方案、设备、设施的安全性能负责。

⑨ 安全记录资料的管理。安全记录资料应在园林工程施工前，根据单位的要求及工程竣工验收资料组卷归档的有关规定，研究列出各施工对象的安全资料清单。随着园林工程施工的进展，园林施工单位应不断补充和填写关于材料、设备及施工作业活动的有关内容，记录新的情况。当每一阶段施工或安装工作完成，相应的安全记录资料也应随之完成，并整理组卷。施工安全资料应真实、齐全、完整，相关各方人员的签字齐备、字迹清楚、结论明确，与园林施工过程的进展同步。

（2）文明施工管理　文明施工可以保持良好的作业环境和秩序，对促进建设工程安全生产、加快施工进度、保证工程质量、降低工程成本、提高经济和社会效益起到重要的作用。园林工程施工项目必须严格遵守《建筑施工安全检查标准》(JGJ 59—2011) 的文明施工要求，保证施工项目的顺利进行。文明施工的管理内容主要包括以下几点。

① 组织和制度管理。园林工程施工现场应成立以施工总承包单位项目经理为第一责任人的文明施工管理组织。分包单位应服从总包单位的文明施工管理组织统一管理，并接受监督检查。

各项施工现场管理制度应有文明施工的规定，包括个人岗位责任制、经济责任制、安全检查责任制、持证上岗制度、奖惩制度、竞赛制度和各项专业管理制度等。同时，应加强和落实现场文明检查、考核及奖惩管理，以促进施工文明管理工作的实施。检查范围和内容应全面周到，包括生产区、生活区、场容场貌、环境文明及制度落实等内容，对检查发现的问题应采取整改措施。

② 建立收集文明施工的资料及其保存的措施。文明施工的资料包括：关于文明施工的法律法规和标准规定等资料；施工组织设计（方案）中对文明施工的管理规定；各阶段施工现场文明施工的措施；文明施工自检资料；文明施工教育、培训、考核计划的资料；文明施工活动各项记录资料等。

③ 文明施工的宣传和教育。通过短期培训、上技术课、听广播、看录像等方法对作业人员进行文明施工教育，特别要注意对临时工的岗前教育。

(3) 职业卫生管理　园林工程施工的职业危害相对于其他建筑业的职业危害要轻微一些，但其职业危害的类型是大同小异的，主要包括粉尘、毒物、噪声、振动危害以及高温伤害等。在具体工程施工过程中，必须采取相应的卫生防治技术措施。这些技术措施主要包括防尘技术措施、防毒技术措施、防噪技术措施、防震技术措施、防暑降温措施等。

(4) 劳动保护管理　劳动保护管理的内容主要包括劳动防护用品的发放和劳动保健管理。劳动防护用品必须严格遵守《劳动防护用品配备标准（试行）》[2000] 189 号的规定和 2005 年 7 月 22 日国家安全生产监督管理总局令第 1 号《劳动防护用品监督管理规定》等相关法规，并按照工种的要求进行发放、使用和管理。

(5) 施工现场消防安全管理　我国消防工作坚持"以防为主，防消结合"的方针。"以防为主"就是要把预防火灾的工作放在首要位置，开展防火安全教育，提高人们对火灾的警惕性，健全防火组织，完善防火制度，进行防火检查，消除火灾隐患，贯彻建筑防火措施等。"防消结合"就是在积极做好防火工作的同时，在组织上、思想上、物质上和技术上做好灭火战斗的准备。一旦发生火灾，就能及时有效地将火扑灭。

园林工程施工现场的火灾隐患明显小于一般建筑工地，但火灾隐患还是存在的，如一些易燃材料的堆放场地、仓库、临时性的建（构）筑物、作业棚等。

(6) 季节性施工安全管理　季节性施工主要指雨季施工或冬季施工及夏季施工。

雨季施工，应当采取措施防雨、防雷击，组织好排水，同时，应做好防止触电、防坑槽坍塌，沿河流域的工地还应做好防洪准备，傍山施工现场应做好防滑塌方措施，脚手架、塔式起重机等应做好防强风措施。

冬季施工，应采取防滑、防冻措施，生活办公场所应当采取防火和防煤气中毒措施。

夏季施工，应有防暑降温的措施，防止中暑。

4.7.1.2　园林工程施工安全管理制度

建立健全工程施工安全管理制度是实现安全生产目标的保证。园林工程施工安全管理制度的组成如图 4-10 所示。

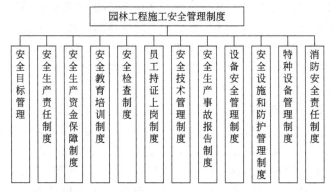

图 4-10　园林工程施工安全管理制度的组成

（1）安全目标管理　安全目标管理是建设工程施工安全管理的重要举措之一。园林工程施工过程中，为了使现场安全管理实行目标管理，要制订总的安全目标（如伤亡事故控制目标、安全达标、文明施工），以便制订年、月达标计划，进行目标分解到人，责任落实，考核到人。推行安全生产目标管理不仅能优化企业安全生产责任制，强化安全生产管理，体现"安全生产，人人有责"的原则，而且能使安全生产工作实现全员管理，有利于提高园林施工企业全体员工的安全素质。

安全目标管理的基本内容应包括目标体系的确定、目标责任的分解及目标成果的考核。

（2）安全生产责任制度　安全生产责任制度是各项安全管理制度中最基本的一项制度。安全生产责任制度作为保障安全生产的重要组织手段，通过明确规定领导、各职能部门和各类人员在施工生产活动中应负的安全职责，把"管生产必须管安全"的原则从制度上固定下来，把安全与生产从组织上统一起来，从而强化园林施工企业各级安全生产责任，增强所有管理人员的安全生产责任意识，使安全管理做到责任明确、协调配合，使园林工程施工企业井然有序地进行安全生产。

① 安全生产责任制度的制订。安全生产责任制度是企业岗位责任制度的一

个主要组成部分，是企业安全管理中最基本的一项制度。安全生产责任制度是根据"管生产必须管安全""安全生产、人人有责"的原则，明确规定各级领导、各职能部门和各类人员在生产活动中应负的安全职责。

② 各级安全生产责任制度的基本要求。

a. 园林施工企业经理对本企业的安全生产负总的责任。各副经理对分管部门安全生产工作负责任。

b. 园林施工企业总工程师（主任工程师或技术负责人）对本企业安全生产的技术工作负总的责任。在组织编制和审批园林施工组织设计（施工方案）和采用新技术、新工艺、新设备、新材料时，必须制订相应的安全技术措施；对职工进行安全技术教育；及时解决施工中的安全技术问题。

c. 施工队长应对本单位安全生产工作负具体领导责任。认真执行安全生产规章制度，制止违章作业。

d. 安全机构和专职人员应做好安全管理工作和监督检查工作。

e. 在几个园林施工单位联合施工时，应由总包单位统一组织现场的安全生产工作，分包单位必须服从总包单位的指挥。对分包施工单位的工程，承包合同要明确安全责任，对不具备安全生产条件的单位，不得分包工程。

③ 安全生产责任制度的贯彻。

a. 园林施工企业必须自觉遵守和执行安全生产的各项规章制度，提高安全生产思想认识。

b. 园林施工企业必须建立完善的安全生产检查制度，企业的各级领导和职能部门必须经常和定期地检查安全生产责任制度的贯彻执行情况，视结果的不同给予不同程度的肯定、表扬或批评、处分。

c. 园林施工企业必须强调安全生产责任制度和经济效益结合。为了安全生产责任制度的进一步巩固和执行，应与国家利益、企业经济效益和个人利益结合起来，与个人的荣誉、职称升级和奖金等紧密挂钩。

d. 园林工程在施工过程中要发动和依靠群众监督。在制订安全生产责任制度时，要充分发动群众参加讨论，广泛听取群众意见；制度制订后，要全面发动群众的监督，"群众的眼睛是雪亮的"，只有群众参与的监督才是完善的、有深度的。

e. 各级经济承包责任制必须包含安全承包内容。

④ 建立和健全安全档案资料。

安全档案资料是安全基础工作之一，也是检查考核落实安全责任制度的资料依据，同时为安全管理工作提供分析、研究资料，从而便于掌握安全动态，方便对每个时期的安全工作进行目标管理，达到预测、预报、预防事故的目的。

根据建设部《建筑施工安全检查标准》（JGJ 59—2011）等要求，关于施工企业应建立的安全管理基础资料包括：

a. 安全组织机构；

b. 安全生产规章制度；

c. 安全生产宣传教育、培训；

d. 安全技术资料（计划、措施、交底、验收）；

e. 安全检查考核（包括隐患整改）；

f. 班组安全活动；

g. 奖罚资料；

h. 伤亡事故档案；

i. 有关文件、会议记录；

j. 总、分包工程安全文件资料。

园林工程施工必须认真收集安全档案资料，定期对资料进行整理和鉴定，保证资料的真实性、完整性，并将档案资料分类、编号、装订归档。

（3）安全生产资金保障制度　安全生产资金是指建设单位在编制建设工程概算时，为保障安全施工确定的资金。园林建设单位根据工程项目的特点和实际需要，在工程概算中要确定安全生产资金，并全部、及时地将这笔资金划转给园林工程施工单位。安全生产资金保障制度是指施工单位对安全生产资金必须用于施工安全防护用具及设施的采购和更新、安全施工措施的落实、安全生产条件的改善等。

安全生产资金保障制度是有计划、有步骤地改善劳动条件，防止工伤事故，消除职业病和职业中毒等危害，保障从业人员生命安全和身体健康，确保正常安全生产措施的需要，是促进施工生产发展的一项重要措施。

安全生产资金保障制度应对安全生产资金的计划编制、支付实用、监督管理和验收报告的管理要求、职责权限和工作程序做出具体规定，形成文件组织实施。

安全生产资金计划应包括安全技术措施计划和劳动保护经费计划，与企业年度各级生产财务计划同步编制，由企业各级相关负责人组织，并纳入企业财务计划管理，必要时及时修订调整。安全生产资金计划内容还应明确资金使用审批权限、项目资金限额、实施单位及责任者、完成期限等内容。

企业各级财务、审计、安全部门和工会组织，应对资金计划的实施情况进行监督审查，并及时向上级负责人和工会报告。

① 安全生产资金计划编制的依据和内容。

a. 适用的安全生产、劳动保护法律法规和标准规范。

b. 针对可能造成安全事故的主要原因和尚未解决的问题需采取的安全技术、劳动卫生、辅助房屋及设施的改进措施和预防措施要求。

c. 个人防护用品等劳保开支需要。

d. 安全宣传教育培训开支需要。

② 安全生产资金保障制度的管理要求。

a. 建立安全生产资金保障制度。项目经理部必须建立安全生产资金保障制度，从而有计划、有步骤地改善劳动条件，防止工伤事故，消除职业病和职业中毒等危害，保障从业人员生命安全和身体健康，确保正常施工安全生产。

b. 安全生产资金保障制度内容应完备、齐全。安全生产资金保障制度应对安全生产资金的计划编制、支付使用、监督管理和验收报告的管理要求、职责权限和工作程序做出具体规定。

c. 制订劳保用品资金、安全教育培训转向资金、保障安全生产技术措施资金的支付使用、监督和验收报告的规定。

安全生产资金的支付使用应由项目负责人在其管辖范围内按计划予以落实，即做到专款专用，按时支付，不能擅自更改，不得挪作他用，并建立分类使用台账，同时根据企业规定，统计上报相关资料和报表。施工现场项目负责人应将安全生产资金计划列入议事日程，经常关心计划的执行情况和效果。

（4）安全教育培训制度　安全教育培训是安全管理的重要环节，是提高从业人员安全素质的基础性工作。按建设部《建筑业企业职工安全培训教育暂行规定》，施工企业从业人员必须定期接受安全培训教育，坚持先培训、后上岗的制度。通过安全培训提高企业各层次从业人员搞好安全生产的责任感和自觉性，增强安全意识；掌握安全生产科学知识，不断提高安全管理业务水平和安全操作技术水平，增强安全防护能力，减少伤亡事故的发生。实行总分包的工程项目，总包单位负责统一管理分包单位从业人员的安全教育培训工作，分包单位要服从总包单位的统一领导。

安全教育培训制度应明确各层次、各类从业人员教育培训的类型、对象、时间和内容，应对安全教育培训的计划编制、实施和记录、证书的管理要求、职责权限和工作程序做出具体规定，形成文件并组织实施。

安全教育培训的主要内容包括：安全生产思想、安全知识、安全技能、安全规程标准、安全法规、劳动保护和典型事例分析等。施工现场安全教育主要有以下几种形式。

① 新工人"三级安全教育"。三级安全教育是企业必须坚持的安全生产基本教育制度。对新工人，包括新招收的合同工、临时工、农民工、实习和待培人员等，必须进行公司、项目、作业班组三级安全教育，时间不得少于 40 学时。经教育考试合格者才准进入生产岗位，不合格者必须补课、补考。对新工人的三级安全教育情况，要建立档案。新工人工作一个阶段后还应进行重复性的安全再教育，加深安全感性、理性知识的认识。

② 变换工种安全教育。凡变换工种或调换工作岗位的工人必须进行变换工种安全教育；变换工种安全教育时间不得少于 4 学时，教育考核合格后方可上岗。变换工种安全教育内容包括：新工作岗位或生产班组安全生产概况、工作性质和职责；新工作岗位必要的安全知识、各种机具设备及安全防护设施的性能和作用；新工作岗位、新工种的安全技术操作规程；新工作岗位容易发生事故及有毒有害的地方；新工作岗位个人防护用品的使用和保管等。

③ 转场安全教育。新转入施工现场的工人必须进行转场安全教育，教育实践不得少于 8 学时。转场安全教育内容包括：本工程项目安全生产状况及施工条件；施工现场中危险部位的防护措施及典型事故案例；本工程项目的安全管理体系、规定及制度等。

④ 特种作业安全教育。从事特种作业的人员必须经过专门的安全技术培训，经考试合格取得上岗操作证后方可独立作业。对特种作业人员的培训、取证及复审等工作严格执行国家、地方政府的有关规定。

对从事特种作业的人员进行经常性的安全教育，时间为每月一次，每次教育 4 学时。特种作业安全教育内容为：特种作业人员所在岗位的工作特点，可能存在的危险、隐患和安全注意事项；特种作业岗位的安全技术要领及个人防护用品的正确使用方法；本岗位曾发生的事故案例及经验教训等。

⑤ 班前安全活动交底。班前安全活动交底作为施工队伍经常性安全教育活动之一，各作业班组长于每班工作开始前（包括夜间工作前）必须对本班组全体人员进行不少于 15min 的班前安全活动交底。班组长要将安全活动交底内容记录在专用的记录本上，各成员在记录本上签名。班前安全活动交底的内容包括：本班组安全生产须知；本班工作中危险源（点）和应采取的对策；上一班工作中存在的安全问题和应采取的对策等。

⑥ 周一安全活动。周一安全活动作为施工项目经常性安全活动之一，每周一开始工作前对全体在岗工人开展至少 1h 的安全生产及法制教育活动。工程项目主要负责人要进行安全讲话，主要内容包括：上周安全生产形势、存在问题及对策；最新安全生产信息；本周安全生产工作的重点、难点和危险点；本周安全生产工作的目标和要求等。

（5）安全检查制度　园林施工单位施工现场项目经理部必须建立完善安全检查制度。安全检查时发现并消除施工过程中存在的不安全因素，宣传落实安全法律法规与规章制度，纠正违章指挥和违章作业，提高各级负责人与从业人员安全生产自觉性与责任感，掌握安全生产状态与寻找改进需求的重要手段。

安全检查制度应对检查形式、方法、时间、内容、组织的管理要求、职责权限，以及对检查中发现的隐患整改、处理和复查的工作程序及要求做出具体规定，形成文件并组织实施。

园林施工单位项目经理部安全检查应配备必要的设备或器具，确定检查负责人和检查人员，并明确检查内容及要求。安全检查人员应对检查结果进行分析，找出安全隐患部位，确定危险程度。施工单位项目经理部应编写安全检查报告。

园林施工单位项目经理部应根据施工过程的特点和安全目标的要求，确定安全检查内容，其内容应包括：安全生产责任制、安全生产保证计划、安全组织机构、安全保证措施、安全技术交底、安全教育、安全持证上岗、安全设施、安全标识、操作行为、违规管理、安全记录等。

园林施工单位项目经理部安全检查的方法应采取随机取样、现场观察、实地检测相结合的方式，并记录检测结果。安全检查主要有以下类型。

① 日常安全检查。日常安全检查即经常的、普遍的检查。企业、施工项目部、施工班组都应进行检查。专职安全员的日常检查应有计划、针对重点部位周期性进行。

② 定期安全检查。如园林施工企业每季度组织一次以上的安全检查，企业的分支机构每月组织一次以上的安全检查，项目经理每周组织一次以上的安全检查。

③ 专业性安全检查。专业性安全检查是指针对特种作业、特种设备、特殊场所进行的检查，如电焊、气焊、起重设备、运输车辆等。

④ 季节性安全检查。针对季节性特点，为保障安全生产的特殊要求所进行的检查。如春季风大干燥，要着重防火；夏季高温多雨并伴有雷电，要着重防暑、降温、防汛、防雷击、防触电。

⑤ 节假日前后安全检查。针对节假日期间人容易麻痹大意的特点而进行的安全检查，包括节日前后安全生产综合检查、遵章守纪的检查等。

园林施工单位项目经理应根据施工生产的特点，法律法规、标准规范和企业规章制度的要求，以及安全检查的目的，确定安全检查的内容；并根据安全检查的内容，确定具体的检查项目及标准和检查评分方法，同时可编制相应的安全检查评分表；按检查评分表的规定逐项对照评分，并做好具体的记录，特别是不安全的因素和扣分原因。

（6）安全生产事故报告制度　安全生产事故报告制度是安全管理的一项重要内容，其目的是防止事故扩大，减少与之有关的伤害与损失，吸取教训，防止同类事故的再次发生。园林施工企业和施工现场项目经理部均应编制事故应急救援预案。园林施工企业应根据承包工程的类型、共性特征，规定企业内部具有通用性和指导性的事故应急救援的各项基本要求；单位项目经理部应按企业内部事故应急救援的要求，编制符合工程项目特点的、具体的、细化的事故应急救援预案，乃至施工现场的具体操作。

生产安全事故报告制度的管理要求建立内容具体、齐全的生产安全事故报告制度，明确生产安全事故报告和处理的"四不放过"原则要求，即事故原因不查清楚不放过，事故责任者和职工未受到教育不放过，事故责任未受到处理不放过，没有采取防范措施、事故隐患不整改不放过的原则，对生产安全事故进行调查和处理。

生产安全事故报告制度的管理要求办理意外伤害保险，制订具体、可行的生产安全事故应急救援预案，同时应建立应急救援小组和确定应急救援人员。

（7）安全技术管理制度　安全技术管理是施工安全管理的三大对策之一。工程项目施工前必须在编制施工组织设计（专项施工方案）或工程施工安全计划的同时，编制安全技术措施计划或安全专项施工方案。

安全技术措施是指为防止工伤事故和职业病的危害，从技术上采取的措施。

在工程施工中，是指针对工程特点、环境条件、劳力组织、作业方法、施工机械、供电设施等制订的确保安全施工的措施。安全技术措施也是建设工程项目管理实施规划或施工组织设计的重要组成部分。

① 安全技术措施编制的依据。

a. 国家和地方有关安全生产的法律、法规和有关规定。

b. 国家和地方建设工程安全生产的法律法规和标准规程。

c. 建设工程安全技术标准、规范、规程。

d. 企业的安全管理规章制度。

② 安全技术措施编制的要求。

a. 及时性。

b. 针对性。

c. 可行性。

d. 具体性。

③ 安全技术管理制度的管理要求。

a. 园林施工企业的技术负责人以及工程项目技术负责人，对施工安全负技术责任。

b. 园林工程施工组织设计（方案）必须有针对工程项目危险源而编制的安全技术措施。

c. 经过批准的园林工程施工组织设计（方案），不准随意变更修改。

d. 安全专项施工方案的编制必须符合工程实际，针对不同的工程特点，从施工技术上采取措施保证安全；针对不同的施工方法、施工环境，从防护技术上采取措施保证安全；针对所使用的各种机械设备，从安全保险的有效设置方面采取措施保证安全。

（8）设备安全管理制度　设备安全管理制度是施工企业管理的一项基本制度。企业应当根据国家、建设部、地方建设行政主管部门有关机械设备管理规定、要求，建立健全设备（包括应急救援设备、器材）安装和拆卸、设备验收、设备检测、设备使用、设备保养和维修、设备改造和报废等各项设备管理制度，制度应明确相应管理的要求、职责、权限及工作程序，确定监督检查、实施考核的办法，形成文件并组织实施。

对于承租的设备，除按各级建设行政主管部门的有关要求确认相应企业具有相应资质以外，园林施工企业与出租企业在租赁前应签订书面租赁合同，或签订安全协议书，约定各自的安全生产管理职责。

（9）安全设施和防护管理制度　根据《建设工程安全生产管理条例》第二十八条规定："施工单位应当在施工现场危险部位，设置明显的安全警示标志。"安全警示标志包括安全色和安全标志，进入工地的人员通过安全色和安全标志能提高对安全保护的警觉，以防发生事故。园林工程施工企业应当建立施工现场正确使用安全警示标志和安全色的相应规定，对使用部位、内容作具体要求，明确相应管理的要求、职责和权限，确定监督检查的方法，形成文件并组织实施。

安全设施和防护管理的管理要求是应制订施工现场正确使用安全警示标志和安全色的统一规定。

园林施工现场使用安全警示标志和安全色应符合《安全标志及其使用导则》（GB 2894—2008）和《安全色》（GB 2893—2008）规定。

（10）消防安全责任制度

① 消防安全责任制度的主要内容。消防安全责任制度是指施工单位应确定消防安全负责人，制订用火、用电、使用易燃易爆材料等各项消防安全管理制度和操作规程，施工现场设置消防通道、消防水源，配备消防设施和灭火器材，并在施工现场入口处设置明显标志。

② 消防安全责任制度的管理要求。

a. 应建立消防安全责任制度，并确定消防安全负责人。园林施工单位各部门、各班组负责人及每个岗位的人员应当对自己管辖工作范围内的消防安全负责，切实做到"谁主管，谁负责，谁在岗，谁负责"，保证消防法律法规的贯彻执行，保证消防安全措施落到实处。

b. 应建立各项消防安全管理制度和操作规程。园林施工现场应建立各项消防安全管理制度和操作规程，如制订用火用电制度、易燃易爆危险物品管理制度、消防安全检查制度、消防设施维护保养制度等，并结合实际，制订预防火灾的操作规程，确保消防安全。

c. 应设置消防通道、消防水源、配备消防设施和灭火器材。园林施工现场应设置消防通道、消防水源、配备消防设施和灭火器材，并定期组织对消防设施、器材进行检查、维修，确保其完好、有效。

d. 施工现场入口处应设置明显标志。

4.7.1.3　施工现场安全管理工作

（1）现场管理人员和操作人员必须持证上岗。

（2）现场从业人员安全教育培训　项目经理按照安全教育培训制度的要求，对进入施工现场的从业人员进行安全教育培训，定期检查安全培训考核实施情况及实际效果，保存教育培训实施记录、检查与考核记录。

（3）安全技术交底　项目部应按批准的施工组织设计或专项安全技术措施方案，向有关人员进行安全技术交底。安全技术交底主要包括两方面的内容：一是按照施工的要求，对施工方案进行细化和补充；二是要将操作者的安全注意事项讲清楚，保证作业人员的人身安全。安全技术交底工作完毕后，所有参加交底的人员必须履行签字手续，施工负责人、生产班组、现场专职安全管理人员三方各留执一份，并记录存档。

（4）施工现场设置安全警示标志　在施工现场入口、临时用电设施等部位应设置明显的安全警示标志。

（5）施工机具、设施使用管理　施工机具、设施在使用过程中，要经常进行检查、维护、保养和调整。

（6）施工现场临时用电管理　施工现场的临时用电线路、用电设施的安装和使用必须符合安装规范和安全操作规程，并按照施工组织设计进行架设，严禁任意私拉乱接。

（7）安全事故的处理与预防　园林施工企业虽然从制度上规定了安全管理岗位职责和安全操作规程，在施工项目作业活动中也加强了安全管理措施，但由于园林工程施工的交叉性、复杂性以及管理人员的疏忽大意等，也可能发生安全事故。

① 安全事故的处理。

a. 报告安全事故。安全事故发生后，受伤者或最先发现者应立即用最快的传递手段，将发生事故的时间、地点、伤亡人数、事故原因等情况上报企业安全主管部门。企业安全主管部门视情况向政府主管部门报告。

b. 事故应急。要做好抢救伤员、排除险情、防止事故蔓延扩大、做好标志等工作，保护好现场。

c. 事故调查。按有关规定成立调查组，开展调查，分析事故原因，确定事故性质和责任，查找直接责任者、主要责任者、重要责任者和领导责任者。

d. 调查报告。调查组应把事故发生的经过、原因、性质、损失责任、处理意见、纠正和预防措施写成调查报告，并经调查组全体成员签字确认后报企业安全主管部门。

e. 对事故责任者严肃处理，稳定施工队伍，妥善协调施工队伍，同时认真落实整改措施。

② 安全事故的预防措施。

a. 设置安全装置，如防护装置、保险装置、危险警示装置。

b. 文明施工。

c. 加强机械的保养、保修、检查。

d. 认真执行操作规程，普及安全技术教育。

4.7.2　园林工程环境管理

4.7.2.1　施工环境保护的概念

环境保护是按照污染法规，各级主管部门和企业的要求，保护和改善作业现场的环境，控制现场的各种粉尘、废气、废水、固定废弃物以及噪声、振动对环境的污染和危害，环境保护也是文明施工的重要内容之一。

4.7.2.2　园林工程施工环境保护的基本规定

（1）把环保指标以责任书的形式层层分解到有关单位和个人，列入承包合同和岗位责任制，建立一套行之有效的环保自我监控体系。

（2）要加强检查，加强对施工现场粉尘、噪声、废气的监测和监控工程。及时采取措施消除粉尘、废气和污水的污染。

（3）在编制施工组织设计时，必须有环境保护的技术措施。在施工现场平面布置和组织施工过程中都要执行国家、地区、行业和企业有关防治空气污染、水源污染、噪声污染等环境保护的法律、法规和规章制度。

（4）园林工程施工由于技术、经济条件有限，对环境的污染不能控制在规定的范围内的，建设单位应当同施工单位事先报请当地人民政府建设行政主管部门和环境行政主管部门的批准。

4.7.2.3　园林工程施工环境保护的防治措施

园林工程项目环境管理的目的是保护生态环境，使社会的经济发展与人类的生存环境相协调。控制作业现场的各种粉尘、废水、废气、固体废弃物以及噪声、振动对环境的污染和危害，考虑能源节约和避免资源的浪费。

（1）防止噪声污染措施　措施包括严格控制人为噪声进入施工现场，不得高声喊叫，无故敲打模板，最大限度地减少噪声扰民；采取措施从声源上降低噪声，如尽量选用低噪声设备和工艺代替高噪声设备与加工工艺，采用吸声、隔声、隔振和阻尼等声学处理方法，在传播途径上控制噪声。

（2）防止水源污染措施　禁止将有毒、有害废弃物作为土方回填；施工现场搅拌站废水、现场水磨石的污水、电石的污水、应经沉淀池沉淀后再排入污水管道或河流。当然最好能采取措施回收利用；现场存放的油料，必须对库房地面进行防渗处理，防止油料跑、冒、滴、漏，污染水体；化学药品、外加剂等应妥善保管，库内存放，防止污染环境。

（3）防止大气污染措施　施工现场的垃圾要及时清理出现场。袋装水泥、白灰、粉煤灰等易飞扬的细颗粒散体材料应在库内存放；室外临时露天存放时必须下垫上盖，防止扬尘。除设有符合规定的装置外，禁止在施工现场焚烧油毡、橡胶、皮革、树叶等，以及其他会产生有毒、有害烟尘的物质。

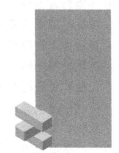

Chapter
5

园林工程施工验收与养护管理

5.1 园林工程项目竣工验收

5.1.1 工程竣工验收的标准

园林建设项目涉及多种门类、多种专业，且要求的标准也各异，加之其艺术性较强，故很难形成国家统一标准。因此对工程项目或一个单位工程的竣工验收，可采用分解成若干部分，再选用相应或相近工种的标准进行。一般园林工程可分解为两个部分，即园林建筑工程和园林绿化工程。

5.1.1.1 园林建筑工程的验收标准

凡园林工程、游憩、服务设施及娱乐设施等建筑应按照设计图样、技术说明书、验收规范及建筑工程质量检验评定标准验收，并应符合合同所规定的工程内容及合格的工程质量标准。不论是游憩性建筑还是娱乐、生活设施建筑，不仅建筑物室内工程要全部完工，而且室外工程的明沟、踏步斜道、散水以及应平整建筑物周围场地，都要清除障碍物，并达到水通、电通、道路通。

5.1.1.2 园林绿化工程的验收标准

施工项目内容、技术质量要求及验收规范和质量应达到设计要求、验收标准的规定及各工序质量的合格要求，如树木的成活率、草坪铺设的质量、花坛的品种、纹样等。

（1）园林绿化工程施工环节较多，为了保证工作质量，做到以预防为主，全面加强质量管理，必须加强施工材料（种植材料、种植土、肥料）的验收。

（2）必须强调中间工序验收的重要性，因为有的工序属于隐蔽性质，如挖种植穴、换土、施肥等，待工程完工后已无法进行检验。

（3）工程竣工后，施工单位应进行施工资料整理，做出技术总结，提供有关文件，于一周前向验收部门提请验收。提供的有关文件如下：

① 土壤及水质化验报告；

② 工程中间验收记录；

③ 设计变更文件；

④ 竣工图及工程预算；

⑤ 外地购入苗检验检疫报告；

⑥ 附属设施用材合格证或试验报告；

⑦ 施工总结报告。

（4）验收时间，乔灌木种植原则上定为当年秋季或翌年春季进行。因为绿化植物是具有生命的，种植后须经过缓苗、发芽、长出枝条，经过一个年生长周期，达到成活方可验收。

（5）绿化工程竣工后，是否合格、是否能移交建设单位，主要从以下几方面进行验收：

① 树木成活率达到95％以上；

② 强酸、强碱、干旱地区树木成活率达到85％以上；

③ 花卉植株成活率达到95％；

④ 草坪无杂草，覆盖率达到95％；

⑤ 整形修剪符合设计要求；

⑥ 附属设施符合有关专业验收标准。

5.1.2 竣工验收的准备资料

5.1.2.1 工程档案资料的汇总整理

工程档案是园林建设工程的永久性技术资料，是园林施工项目进行竣工验收的主要依据。因此，档案资料的准备必须符合有关规定及规范的要求，必须做到准确、齐全，能够满足园林建设工程进行维修、改造和扩建的需要。一般包括以下内容。

（1）上级主管部门对该工程的有关技术决定文件。

（2）竣工工程项目一览表，包括竣工工程的名称、位置、面积、特点等。

（3）地质勘查资料。

（4）工程竣工图、工程设计变更记录、施工变更洽商记录、设计图纸会审记录等。

（5）永久性水准点位置坐标记录，建筑物、构筑物沉降观测记录。

（6）新工艺、新材料、新技术、新设备的试验、验收和鉴定记录。

（7）工程质量事故发生情况和处理记录。

（8）建筑物、构筑物、设备使用注意事项文件。

（9）竣工验收申请报告、工程竣工验收报告、工程竣工验收证明书、工程养护与保修证书等。

5.1.2.2　竣工自验

在项目经理的组织领导下，由生产、技术、质量、预算、合同和有关的工长或施工员组成预检小组。根据国家或地区主管部门规定的竣工标准、施工图和设计要求，对竣工项目按分段、分层、分项地逐一进行全面检查，预检小组成员按照自己所主管的内容进行自检，并做好记录，对不符合要求的部位和项目，要制订修补处理措施和标准，并限期修补好。施工单位在自验的基础上，对已查出的问题全部修补处理完毕后，项目经理应报请上级再进行复检，为正式验收做好充分准备。

园林建设工程中的竣工检查主要有以下方面的内容。

（1）对园林建设用地内进行全面检查，包括有无剩余的建筑材料，有无尚未竣工的工程，有无残留渣土等。

（2）对场区内外邻接道路进行全面检查，包括道路有无损伤或被污染，道路上有无剩余的建筑材料或渣土等。

（3）临时设施工程，包括和设计图纸对照，确认现场已无残存物件，和设计图纸对照，确认已无残留草皮、树根，向电力局、电话局、给排水公司等有关单位，提交解除合同的申请。

（4）整地工程，包括挖方、填方及残土处理作业，种植地基土作业；对照设计图纸、工期照片、施工说明书，检查有无异常。

（5）管理设施工程，包括雨水检查井、雨水进水口、污水检查井等设施和设计图纸对照，有无异常，金属构件施工有无异常，管口施工有无异常，进水门底部施工有无异常及进水口是否有垃圾积存；电器设备和设计图纸对照，有无异常，线路供电电压是否符合当地供电标准，通电后运行设备是否正常，灯柱、电杆安装是否符合规程，有关部门认证的金属构件有无异常，各用电开关应能正常工作；供水设备和设计图纸对照有无异常，通水试验有无异常，供水设备应正常工作；挡土墙作业和设计图纸对照有无异常，试验材料有无损伤。砌法有无异常，接缝应符合规定，纵横接缝的外观质量有无异常。

（6）服务设施工程。

（7）园路铺装。

（8）运动设施工程。

（9）休闲设施工程（棚架、长凳等）。

（10）游戏设施工程。

（11）绿化工程（主要检查高、中树栽植作业，灌木栽植，移植工程，地被植物栽植等）对照设计图纸，是否按设计要求施工。检查植株数有无出入。

① 支柱是否牢靠，外观是否美观。

② 有无枯死的植株。

③ 栽植地周围的整体状况是否良好。

④ 草坪的种植是否符合规定。

⑤ 草坪和其他植物或设施的结合是否美观。

5.1.2.3 绘制竣工图

竣工图是如实反映施工后园林建设工程情况的图纸。它是工程竣工验收的主要文件，园林施工项目在竣工前，应及时组织有关人员进行测定和绘制，以保证工程档案的完备和满足维修、管理养护、改造或扩建的需要。所以，竣工图必须做到准确、完整，并符合长期归档保存要求。

（1）竣工图编制的依据　施工中未变更的原施工图、设计变更通知书、工程联系单、施工变更洽商记录、施工放样资料、隐蔽工程记录和工程质量检查记录等原始资料。

（2）绘制竣工图要求

① 施工过程中未发生设计变更、按图施工的施工项目，应由施工单位负责在原施工图纸上加盖"竣工图"标志，可作为竣工图使用。

② 施工过程有一般性的设计变更，但没有较大结构性的或重要管线等方面的设计变更，而且可以在原施工图上进行修改和补充时，可不再绘制新图纸，由施工单位在原施工图纸上注明修改和补充后的实际情况，并附以设计变更通知书、设计变更记录和施工说明。然后加盖"竣工图"标志，也可作为竣工图使用。

③ 施工过程中凡有重大变更或全部修改的，如结构形式改变、标高改变、平面布置改变等，不宜在原施工图上修改或补充时，应重新绘制实测改变后的竣工图，施工单位负责在新图上加盖"竣工图"标志，并附上记录和说明作为竣工图。

竣工图必须做到与竣工的工程实际情况完全吻合，不论是原施工图还是新绘制的竣工图，都必须是新图纸，必须保证绘制质量，完全符合技术档案的要求，坚持竣工图的校对、审核制度；重新绘制的竣工图，一定要经过施工单位主要技术负责人的审核签字。

5.1.2.4 进行工程与设备的试运转和试验的准备工作

工程与设备的试运转和试验的准备工作一般包括：安排各种设施、设备的试运转和考核计划；各种游乐设施尤其关系到人身安全的设施，如缆车等的安全运行应是试运行和试验的重点。编制各运转系统的操作规程；对各种设备、电气、仪表和设施作全面的检查和校验；进行电气工程的全面负责试验，管网工程的试水、试压试验；喷泉工程试水等。

5.1.3 施工竣工验收管理

一个园林工程项目的竣工验收，一般按以下程序进行。

5.1.3.1 竣工项目的预验收

竣工项目的预验收，是在施工单位完成自检自验并认为符合正式验收条件，在申报工程验收之后和正式验收之前的这段时间内进行的。委托监理的园林工程项目，总监理工程师即应组织其所有各专业监理工程师来完成。竣工预验收要吸收建设单位、设计、质量监督人员参加，而施工单位也必须派人配合竣工预验收工作。

由于竣工预验收的时间长，又多是各方面派出的专业技术人员，因此对验收中发现的问题多在此时解决，为正式验收创造条件。为做好竣工预验收工作，总监理工程师要提出一个预验收方案，这个方案含预验收需要达到的目的和要求；预验收的重点；预验收的组织分工；预验收的主要方法和主要检测工具等，并向参加预验收的人员进行必要的培训，使其明确以上内容。

预验收工作包括竣工验收资料的审查和工程竣工的预验收两部分。

（1）竣工验收资料的审查 认真审查好技术资料，不仅是满足正式验收的需要，也是为工程档案资料的审查打下基础。

① 技术资料主要审查的内容。

a. 工程项目的开工报告。

b. 工程项目的竣工报告。

c. 图纸会审及设计交底记录。

d. 设计变更通知单。

e. 技术变更核定单。

f. 工程质量事故调查和处理资料。

g. 水准点、定位测量记录。

h. 材料、设备、构件的质量合格证书。

i. 试验、检验报告。

j. 隐蔽工程记录。

k. 施工日志。

l. 竣工图。

m. 质量检验评定资料。

n. 工程竣工验收有关资料。

② 技术资料审查方法。

a. 审阅。边看边查，把有不当的及遗漏或错误的地方记录下来，然后再对重点仔细审阅，做出正确判断，并与承接施工单位协商更正。

b. 校对。施工单位提交的资料与监理工程师将自己日常监理过程中所收集积累的数据、资料一一校对，凡是不一致的地方都记载下来，然后再与承接施工单位商讨，如果仍有不能确定的地方，再与当地质量监督站及设计单位来佐证资料的核定。

c. 验证。若出现几个方面资料不一致而难确定时，可重新测量实物予以验证。

③ 有关苗木的验收资料（以大树移植为例）。

a. 常规项目。树名、树龄、原址及新址、移植日期、移植单位及参加人员姓名、移植原因及主管部门意见等。

b. 技术项目。原址和新址的土壤特性、小气候及生态环境的异同、移植过程、采取的技术措施、移植结果等，并宜具备照片及文字说明等资料。

值得注意的是，百年以上大树和稀有名贵树种或有历史价值及纪念意义的树木，是国家的宝贵财富，严禁搬移或损伤。

（2）工程竣工的预验收　园林工程的竣工预验收，在某种意义上说，它比正式验收更为重要。因为正式验收时间仓促，不可能详细、全面地对工程项目一一查看，而主要依靠对工程项目的预验收来完成。因此所有参加预验收的人员均要以高度的责任感，并在可能的检查范围内，对工程数量、质量进行全面地确认，特别对那些重要的和易于遗忘的部位都应分别登记造册，作为预验收的成果资料，提供给正式验收中的验收委员会参考和承接施工单位进行整改。

工程竣工预验收由监理单位组织，主要进行以下几方面工作。

① 组织与准备。参加预验收的监理工程师和其他人员，应按专业或区段分组，并指定负责人。验收检查前，先组织预验收人员熟悉有关验收资料，制订检查方案，并将检查项目的各子目及重点检查部位以表或图的形式列示出来。同时准备好工具、记录、表格，以供检查中使用。

② 组织预验收。检查中，分成若干专业小组进行，划定各自工作范围，以提高效率并可避免相互干扰。园林建设工程的预验收，要全面检查各分项工程。检查方法有以下几种。

a. 直观检查。直观检查是一种定性的、客观的检查方法，采用手摸眼看的方式，需要有丰富经验和掌握标准熟练的人员才能胜任此工作。

b. 测量检查。对上述能实测实量的工程部位都应通过测量获得真实数据。

c. 点数。对各种设施、器具、配件、栽植苗木都应一一点数、查清、记录，如有遗缺不足的或质量不符合要求的，都应通知承接施工单位补齐或更换。

d. 操作。实际操作是对功能和性能检查的好办法，对一些水电设备、游乐设施等应启动检查。

上述检查之后，各专业组长应向总监理工程师报告检查验收结果。如果查出的问题较多较大，则应指令施工单位限期整改并再次进行复验，如果存在的问题仅属一般性的，除通知承接施工单位抓紧整修外，总监理工程师即应编写预验报告一式三份，一份交施工单位供整改用；一份备正式验收时转交验收委员会；一份由监理单位自存。这份报告除文字论述外，还应附上全部预验检查的数据。与此同时，总监理工程师应填写竣工验收申请报告送项目建设单位。

5.1.3.2　正式竣工验收

正式竣工验收是由国家、地方政府、建设单位以及单位领导和专家参加的最终整体验收。大中型园林建设项目的正式验收，一般由竣工验收委员会（或验收小组）的主任（组长）主持，具体的事务性工作可由总监理工程师来组织实施。正式竣工验收的工作程序如下。

（1）准备工作

① 向各验收委员会单位发出请柬，书面通知设计、施工及质量监督等有关单位。

② 拟定竣工验收的工作议程，报验收委员会主任审定。

③ 选定会议地点。

④ 准备好一套完整的竣工和验收的报告及有关技术资料。

（2）正式竣工验收程序

① 由验收委员会主任主持验收委员会会议。会议首先宣布验收委员会名单，介绍验收工作议程及时间安排，简要介绍工程概况，说明此次竣工验收工作的目的、要求及做法。

② 由设计单位汇报设计施工情况及对设计的自检情况。

③ 由施工单位汇报施工情况以及自检自验的结果情况。

④ 由监理工程师汇报工程监理的工作情况和预验收结果。

⑤ 在实施验收中，验收人员可先后对竣工验收技术资料及工程实物进行验收检查；也可分为两组，分别对竣工验收的技术资料及工程实物进行验收检查。在检查中可吸收监理单位、设计单位、质量监督人员参加。在广泛听取意见、认真讨论的基础上，统一提出竣工验收的结论意见，如无异议，则予以办理竣工验收证书和工程验收鉴定书。

⑥ 验收委员会主任或副主任宣布验收委员会的验收意见，举行竣工验收证书和鉴定书的签字仪式。

⑦ 建设单位代表发言。

⑧ 验收委员会会议结束。

（3）苗木竣工验收日期及有关规定

① 春季栽植的乔、灌木和藤本、攀缘植物及多年生花卉，应在栽植的当年 9 月份进行。

② 秋季和冬季栽植的乔、灌木，应在栽植后的第二年 9 月份进行。

③ 籽播草坪或植生带铺设的草坪应在种子大批发芽后进行。

④ 草块移植的草坪应在草块成活后进行。

⑤ 一年生宿根植物的花坛在栽植后 10～15 天，成活后进行。

⑥ 春季栽植的二年生植物、多年生植物和露地栽植的鳞茎植物,应在当年发芽后进行;而秋季栽植的,应在第二年春季发芽后进行。

5.1.3.3 工程质量验收的方法

园林建设工程质量的验收是按工程合同规定的质量等级,遵循现行的质量评定标准,采用相应的手段对工程分阶段进行质量认可与评定。

(1) 隐蔽工程验收 隐蔽工程是指那些在施工过程中上一工序的工作结束,被下一工序所掩盖,而无法进行复查的部位。例如种植坑、直埋电缆等。因此,对这些工程在下一工序施工以前,现场监理人员应按照设计要求、施工规范,采取必要的检查工具,对其进行检查验收。如果符合设计要求及施工规范规定,应及时签署隐蔽工程记录交承接施工单位归入技术资料;如不符合有关规定,应以书面形式告诉施工单位,令其处理,处理符合要求后再进行隐蔽工程验收与签证。

隐蔽工程验收通常是结合质量控制中技术复核、质量检查工作来进行的,重要部位改变时可摄影以备查考。

隐蔽工程验收项目和内容一般见表 5-1。

表 5-1 隐蔽工程验收项目和内容

项目	验 收 内 容
基础工程	地质、土质、标高、断面、桩的位置和数量、地基、垫层等
混凝土工程	钢筋的品种、规格、数量、位置、形状、焊缝接头位置、预埋件数量及位置以及材料代用等
防水工程	屋面、水池、水下结构防水层数、防水处理措施等
绿化工程	土球苗木的土球规格、裸根苗的根系状况;种植穴规格;施基肥的数量;种植土的处理等
其他	管线工程、完工后无法进行检查的工程等

(2) 分项工程验收 对于重要的分项工程,监理工程师应按照合同的质量要求,根据该分项工程施工的实际情况,参照质量评定标准进行验收。

在分项工程验收中,必须按有关验收规范选择检查点数,然后计算出基本项目和允许偏差项目的合格或优良的百分比,最后确定出该分项工程的质量等级,从而确定能否验收。

(3) 分部工程验收 根据分项工程质量验收结论,参照分部工程质量标准,可得出该工程的质量等级,以便决定能否验收。

(4) 单位工程竣工验收 通过对分项、分部工程质量等级的统计推断,再结合对质保资料的核查和单位工程质量观感评分,便可系统地对整个单位工程做出全面的综合评定,从而决定是否达到合同所要求的质量等级,决定能否验收。

5.2 园林工程养护管理

5.2.1 回访与保修

5.2.1.1 回访

项目经理做好回访的组织与安排，由生产、技术、质量及有关方面人员组成回访小组，必要时，邀请科研人员参加。回访时，由建设单位组织座谈会或听取会，听取各方面的使用意见，认真记录存在问题，并查看现场，落实情况，写出回访记录或回访纪要。通常采用下面三种方式进行回访。

（1）季节性回访　一般是雨季回访屋面、墙面的防水情况，自然地面、铺装地面的排水组织情况，植物的生长情况；冬季回访植物材料的防寒措施搭建效果，池壁驳岸工程有无冻裂现象等。

（2）技术性回访　主要了解园林施工中所采用的新材料、新技术、新工艺、新设备的技术性能和使用后的效果；新引进的植物材料的生长状况等。

（3）保修期满前的回访　主要是保修期将结束，提醒建设单位注意有关设施的维护、使用和管理，并对遗留问题进行处理。

5.2.1.2 保修

（1）保修范围　一般来讲，凡是园林施工单位的责任或者由于施工质量不良而造成的问题，都应该实行保修。

（2）养护、保修时间　自竣工验收完毕次日算起，绿化工程一般为一年，由于竣工当时不一定能看出栽植的植物材料的成活，需要经过一个完整的生长期的考验，因而一年是最短的期限。土建工程和水、电、卫生和通风等工程，一般保修期为一年，采暖工程为一个采暖期。保修期长短也可依据承包合同为准。

（3）经济责任　园林工程一般比较复杂，修理项目往往由多种原因造成，所以，经济责任必须根据修理项目的性质、内容和修理原因诸因素，由建设单位、施工单位和监理工程师共同协商处理。一般分为以下几种。

① 养护、修理项目确实由于施工单位施工责任或施工质量不良遗留的隐患，应由施工单位承担全部检修费用。

② 养护、修理项目是由建设单位和施工单位双方的责任造成的，双方应实事求是地共同商定各自承担的修理费用。

③ 养护、修理项目是由于建设单位的设备、材料、成品、半成品等的不良等原因造成的，应由建设单位承担全部修理费用。

④ 养护、修理项目是由于用户管理使用不当，造成建筑物、构筑物等功能不良或苗木损伤死亡时，应由建设单位承担全部修理费用。

5.2.2 养护、保修阶段的监理工作

实行监理工程的监理工程师在养护、保修期内的监理内容，主要检查工程状

况、鉴定质量责任、督促和监督养护、保修工作。

养护、保修期内监理工作的依据是有关建设法规、有关合同条款（工程承包合同及承包施工单位提供的养护、保修证书）。如有些非标施工项目，则可以合同方式与承接单位协商解决。

5.2.2.1 保修、保质期内的检查方法

（1）定期检查 当园林建设项目投入使用后，开始时每旬或每月检查一次，如三个月后未发现异常情况，则可每三个月检查一次，如有异常情况出现时则缩短检查的间隔时间。当经受暴雨、台风、地震、严寒后，监理工程师应及时赶赴现场进行观察和检查。

（2）检查的方法 检查的方法有访问调查法、目测观察法、仪器测量法三种，每次检查不论使用什么方法都要详细记录。

（3）检查的重点 园林建设工程状况检查的重点应是主要建筑物、构筑物的结构质量，水池、假山等工程是否有不安全因素出现。在检查中要对结构的一些重要部位、构件重点观察检查，对已进行加固的部位更要进行重点观察检查。

5.2.2.2 养护、保修工作

养护、保修工作主要内容是对质量缺陷的处理，以保证新建园林项目能以最佳状态面向社会，发挥其社会、环保及经济效益。施工单位的责任是完成养护、保修的项目，保证养护、保修质量。各类质量缺陷的处理方案，一般由责任方提出、监理工程师审定执行。

（1）树木养护 栽植后应由专职技工进行养护管理，主要工作如下。

① 修剪。常绿树种以短截为主，不宜过多修剪，内档侧枝不宜修空，如果顶梢枯萎，要保证有候补枝条；落叶树种要充分利用老枝上的新梢，俗称"留活芽"。

② 保持树身湿润，包扎部分树干，每天早晚两次喷雾，叶面要全部喷到，常绿树尤为重要。

③ 覆盖根部，适期适度浇水，保持土壤湿润，在确认树木成活后，以上措施可逐渐停止。

④ 注意排水，雨后不得积水。

⑤ 发现有新梢叶片萎缩等现象，要及时查明根部有无空隙、水分是否不足或过多、有无病虫害等，并采取相应的措施。

⑥ 新芽萌发后，要进行剥芽，剥芽分几次进行，尽可能提高留芽部位，保留新梢上的芽；留芽对落叶树种尤为重要；垂直绿化树种可通过摘心促使分枝，生长季节理藤造型。

⑦ 土壤沉降后，凡有树木倾斜或倒伏的应及时扶正。

⑧ 树木若有死亡，应及时用同一品种、同一规格的树木补种。

⑨ 及时防治病虫害。

（2）花坛、花境养护

① 根据天气情况，保证水分供应，宜清晨浇水，浇水时防止将泥浆溅到茎、叶上。

② 做好排水工作，严禁雨季积水。

③ 花坛、花境的保护设施应经常保持清洁完好。

④ 花卉若有死亡，应及时用同一品种、同一规格的花卉补种。

⑤ 及时防治病虫害。

（3）草坪养护

① 冷地型草春秋两季充分浇水，夏季适量浇水，并应在早晨浇；暖地型草夏季勤浇水，宜早、晚浇；浇水深度为 10cm 左右。

② 及时排水，严禁积水。

③ 及时清除杂草。

④ 草坪若有死亡，应及时用同一品种的草坪植物补种。

⑤ 及时防治病虫害。

5.2.2.3 养护、保修工作的结束

监理单位的养护、保修责任一般为一年，在结束养护保修期时，监理单位应做好以下工作。

（1）将养护、保修期内发生的质量缺陷的所有技术资料归类整理。

（2）将所有期满的合同书及养护、保修书归整之后交还给建设单位。

（3）协助建设单位办理养护、维修费用的结算工作。

（4）召集建设单位、设计单位、承接施工单位联席会议，宣布养护、保修期结束。

参 考 文 献

［1］ 何淼，刘宪国，刘晓东. 园林工程施工与管理 ［M］. 北京：高等教育出版社，2006.

［2］ 李永红. 园林工程项目管理 ［M］. 北京：高等教育出版社，2006.

［3］ 陈科东. 园林工程施工与管理 ［M］. 北京：高等教育出版社，2002.

［4］ 李立增. 工程项目施工组织与管理 ［M］. 成都：西南交通大学出版社，2006.

［5］ 吴志华. 园林工程施工与管理 ［M］. 北京：中国农业出版社，2001.

［6］ 赵香贵. 建筑施工组织与进度控制 ［M］. 北京：金盾出版社，2003.

［7］ 董三孝. 园林工程概预算与施工组织管理 ［M］. 北京：中国林业出版社，2003.